洋経済

背水のホンダ

なるか「脱エンジン」

週刊東洋経済 eビジネス新書 No.455

背水のホンダ

本書は、東洋経済新報社刊『週刊東洋経済』2023年2月11日号より抜粋、加筆修正のうえ制作しています。情報は底本編集当時のものです。（標準読了時間 120分）

背水のホンダ　目次

2040年には車種半減

不退転の大決断　「脱エンジン」衝撃の中身

2022年12月初旬、ホンダ社内の会議室。青山真二専務や各地域本部長など4輪事業の幹部たちが顔をそろえた。議論したのは中長期のグローバルラインナップ。そこでは車種削減が議題になっていた。

完成車メーカーにとって、車種の削減は重大な決断だ。販売店は売る商品が少なくなり、部品メーカーは部品受注の機会が減る。消費者は単純に選べるモデルが少なくなる。各方面に多大な影響をもたらしかねない。そのような策をホンダが断行しようとしている。

グローバルで40超ある車種を2040年までに20程度にまで半減させる――。これはホンダがひそかに練っている車種削減策だ。EV（電気自動車）シフトを見込んで踏み切る。モーターや電池など電動部品の価格が高いEVは、生産コストがガソリン車やハイブリッド車よりも上昇する。このため、地域専用車種を減らし、グローバルで統一することで開発と生産の効率を格段に引き上げる狙いがある。

「MFD-BEV」。これは車種削減と同時に投入を検討する、EVの次世代グローバル商品群だ。関係者によると、「ホンダ」ブランドと高級ブランド「アキュラ」の計14車種で構成される。スポーツカーやSUV（スポーツ用多目的車）、小型車などを「L・M・S」の3つのサイズで展開する。2030年を皮切りに40年にかけて随時投入していく。

これらをすべてグローバルEVモデルとして展開し、販売台数規模は両ブランドで連結（中国を除く）200万台程度を見込む。EV化によって生産コストが上がるのを踏まえ、販売価格を高価格帯にシフトさせることも狙う。価格は4万ドル（約520万円）以上を想定する。

ホンダの連結販売台数は、コロナ禍前の2019年度で300万台を超えていた。

このため台数規模を確保しようと、3万ドル（約390万円）程度の価格帯でも準備するようだ。

一方でガソリン車とハイブリッド車については、大半の地域で2030年代後半から40年までに新車種の投入を終了。従来モデルの売り切りに徹する。

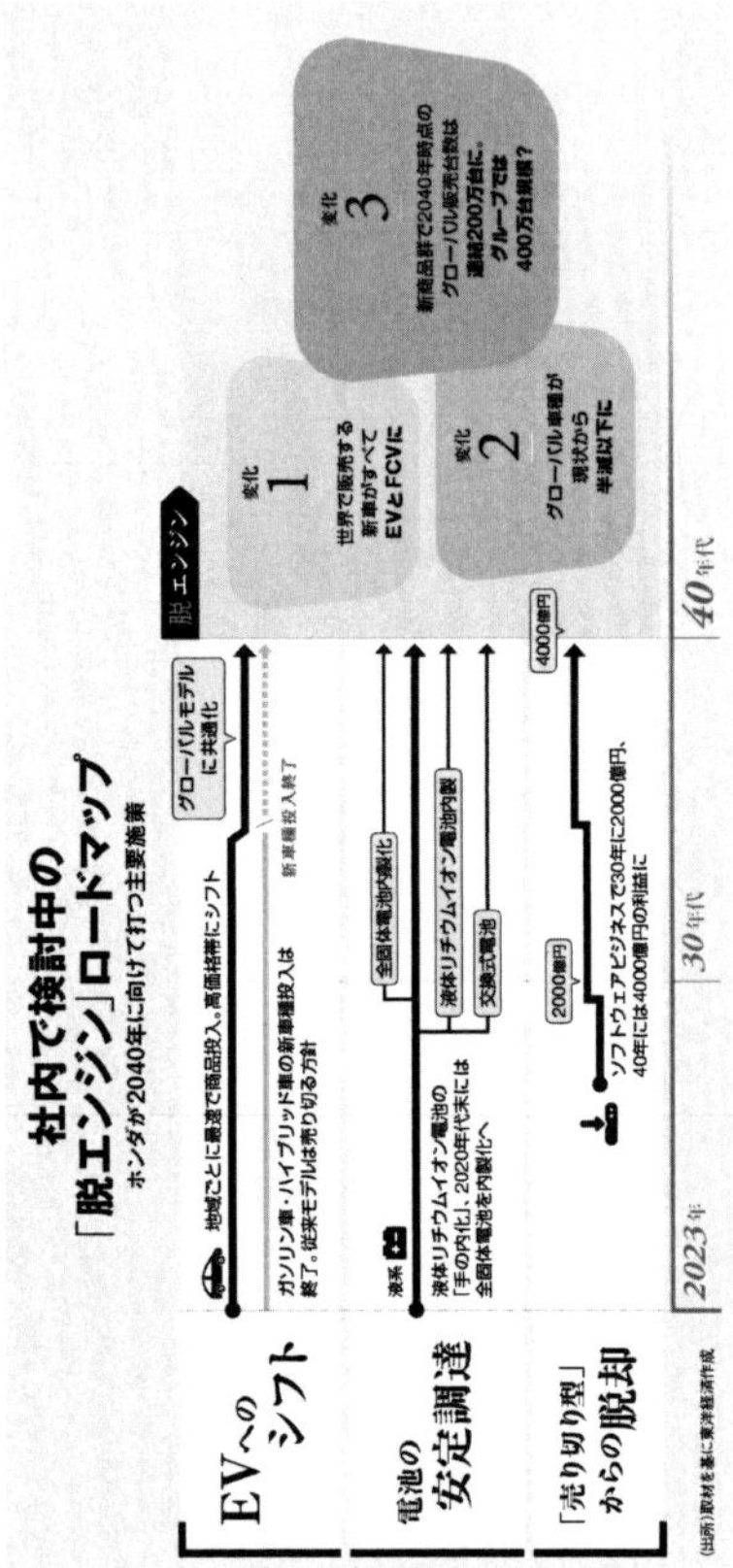
社内で検討中の
「脱エンジン」ロードマップ
ホンダが2040年に向けて打つ主要施策
EVへのシフト
地域ごとに最速で商品投入。高価格帯にシフト
グローバルモデルに共通化
ガソリン車・ハイブリッド車の新車種投入は終了。従来モデルは売り切る方針
新車種投入終了
電池の安定調達
液系
全固体電池内製化
液体リチウムイオン電池の「手の内化」、2020年代末には全固体電池を内製化へ
液体リチウムイオン電池内製
交換式電池
「売り切り型」からの脱却
2000億円
4000億円
ソフトウェアビジネスで30年に2000億円、40年には4000億円の利益に
脱エンジン
変化1
世界で販売する新車がすべてEVとFCVに
変化2
グローバル車種が現状から半減以下に
変化3
新商品群で2040年時点のグローバル販売台数は連結200万台に。グループでは400万台規模？
2023年
30年代
40年代
(出所)取材を基に東洋経済作成

車載電池「3つの策」

2040年に世界で売る新車をすべてEV・FCV（燃料電池車）にする「脱エンジン目標」。フォーミュラワン（F1）での躍進などから築いてきた「エンジンのホンダ」の看板をかなぐり捨てる内容なだけに、2021年4月の三部（みべ）敏宏社長の宣言は大きな反響を呼んだ。

それから間もなく2年。車種の大幅削減を含めて、脱エンジンに向けた具体策の議論がホンダ社内では進む。

その1つが車載電池の調達だ。EV用電池は希少価値の高い金属を大量に使用するため、安定調達が難しい。コストもかさむ。一般的にEVの生産コストの約3割を電池が占めるとされ、「電池をどうにかしないとEVは採算が厳しいままでどうにもならない」と複数の自動車メーカー幹部が口をそろえるほどだ。

この電池をめぐる問題に、ホンダは次の3段階で対策を打つ。それは、①2025年から30年までは外部の電池メーカーから調達、②2030年ごろから自社でリチウムイオン電池と2輪・4輪・汎用機器共通の小型電池を開発、③次世代電池の本命である「全固体電池」を内製化し30年以降徐々に搭載拡大 ——というものだ。脱エンジンとなる2040年には、この3つを組み合わせて臨む。

ホンダは現状、日本や中国、韓国の電池メーカーから電池調達を拡大すべく手を打っている。ハイブリッド車用電池で合弁を組むGSユアサとは、EV用電池を開発・生産する合弁会社を2023年中に設立すると発表した。全固体電池では自社開発を推進中。これら一連の動きは、先述した3つの対策と内容が合致する。

2040年に向けて、自動車の売り切り型ビジネスからの脱却も図る。

これまでの自動車メーカーのビジネスを大ざっぱにいうと、「新車を売って終わり」というものだった。しかし今後は、「OTA（Over The Air）」と呼ばれる無線経由のソフトウェア更新などを通じて、あとから機能が追加されるケースが増えてくる。アプリのダウンロードで機能を随時拡充できるスマートフォンのように、自動車もなるわけだ。

ホンダもこうしたソフトウェアを通じて車の性能や機能を高めるサービスの提供を考えている。サービスの継続課金や走行データの2次利用などで、2030年に2000億円、40年に4000億円の利益を生み出す計画だ。

ホンダはエンタメや音楽、映画などアプリの基盤となる車載OS（基本ソフト）を自社開発し、20年代後半以降の新車に搭載する。

車種削減、電池の調達安定化、ソフトウェアビジネスの収益化は、いずれも、EV時代に起きる変化を踏まえてのものだ。先述したようにEV時代は生産コストが上昇する。売り方や稼ぎ方をすべて見直さなければならない。

もはや猶予はない

「皆さんと議論すると既存事業の枠組みの中で電動化に移行していくと考えている人たちがほとんどです」「既存事業から移行しながら変わっていくというような猶予はもはやありません」

2023年1月の仕事始め。三部社長は社内向けメッセージを通じて社員にハッパをかけた。三部社長が危機感を隠さないように、自動車産業の構造変革はかつてない速さで進んでいる。

欧州や中国、米国では政府や自動車メーカーがこぞって、EV普及へ向け野心的な規制や目標を打ち出している。新興EV専業メーカーである米国のテスラや中国のBYDは販売台数を急激に伸ばす。自動運転領域では米国のグーグルやアップルなどITの巨人たちが覇権をうかがう。自動車産業は1769年に蒸気自動車が登場した始まりから今まで、自動車メーカーが主役としてあり続けてきた。

しかし、EVは部品点数が3万点から2万点に減り、構造もエンジン車に比べて単純に。新規参入へのハードルは格段に下がった。さらに車の電子化とも相まって、自動車をめぐる技術開発やサービスの領域は際限なく広がり続けている。ホンダ元幹部が「自動車メーカーがただ車を造るだけの下請けに成り下がる可能性もある」と言うように、伝統的な自動車メーカーだけで産業や市場を牽引するような時代ではなくなりつつある。

これは自動車メーカー1社では研究開発を進められないことの裏返しともいえる。

そうした中で、技術を自前で持つことにこだわり、孤立主義を貫いてきたホンダも例外ではなくなった。米国のゼネラル・モーターズとは提携関係を拡大し、コンパクトSUVなど量販価格帯でのEV商品群を共同開発することにした。自動運転やソフトウェア、電池といった領域では国内外の企業と協力関係を構築している。2022年のソニーグループとの提携もその1つだ。

ホンダにとって気がかりなのは、4輪事業の足元がおぼつかないことだ。2010年代の拡大戦略があだとなり、固定費がかさんで採算は大幅に悪化。近年の営業利益率は1~2%台と低迷する。

つまり、4輪事業の立て直しを進めつつ、EVや電池、ソフトウェアといった先端領域に攻めの投資を行わなければならない。

EV時代に起きる「3つの変化」

EVは生産コストが高い　変化1

ガソリン車と比べ1.5倍のコスト増

1台におけるガソリン車とEVの部品平均購入コスト

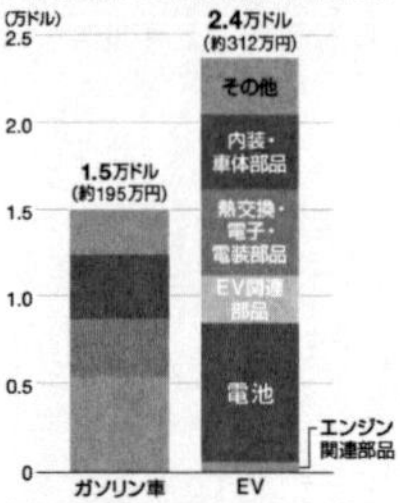

(注)欧州の平均的なB・Cセグメントのモデルを想定。EVのバッテリー容量は60kWh　(出所)アリックスパートナーズの調査データを基に東洋経済作成

ソフトウェアが重要に　変化2

電装化に加えソフトウェア化が進む

自動車向けハード・ソフトの市場推計

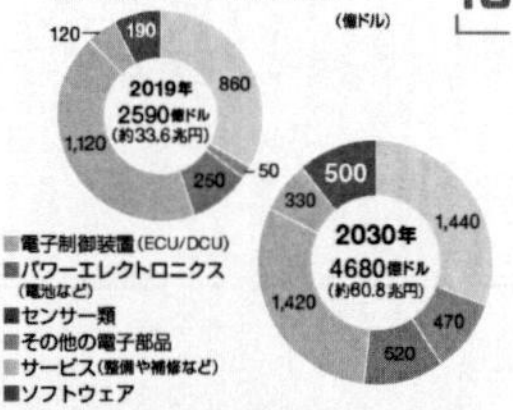

(注)予測は2030年時点で世界生産台数が1億0200万台に達するとの前提
(出所)マッキンゼー・アンド・カンパニー「Outlook on the automotive software and electronics market through 2030」のデータを基に東洋経済作成

生産や販売体制を総見直し　変化3

- ☑ 生産コストが高い分、販売価格に転嫁。販売台数の総量は減る可能性
- ☑ 高価格帯でも売れるためのブランド力が必須に
- ☑ 車種削減など生産・開発の効率化は不可避
- ☑ ソフトウェアサービスやオンライン販売など新たな稼ぎ方や売り方が台頭

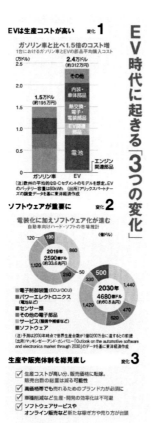

くしくもトヨタは2023年1月26日、創業家の豊田章男社長が4月をもって会長に退き、一回り若い佐藤恒治執行役員が社長に就任するトップ交代人事を発表した。会見で豊田氏は、「デジタル化や電動化、コネクティビティーも含めて私は古い人間だと思う」と述べた。

王者トヨタですら、変化を求めて体制を変える中、ホンダは限られた時間で、4輪事業の再建と40年の脱エンジンの達成を実現できるのか。変革へ待ったなし。ホンダは背水の陣で臨む。

（横山隼也）

今の4輪は「稼げない事業」

2016年度に世界販売600万台――。これはホンダが2010年代に掲げていた、幻に終わった販売台数目標だ。

新興国を中心に拡大路線を敷いたものの、思うように販売台数は伸びず、結局撤回に追い込まれた。「実はあのとき、800万台を目指すという話すら聞いていた」。あるホンダ系部品メーカーの首脳はため息をつく。

その後、4輪事業の採算は徐々に悪化し、営業利益率は近年1~2%台で推移する。販売台数も、ヒット車の不足や生産制約の発生などで約400万台にまで下がった。

利益低迷の原因は、設備過剰に陥ったことだ。固定費の負担が重く、生産効率が低下。各地域専用の派生モデルを増やしたことも追い打ちをかけた。国や地域で異なる部品の採用を進めたことで、コストがかさんでしまった。「それぞれのモデルの部品の共用率が低く、開発効率が非常に悪かった。共通化するという意識も薄くなっていた」（当時を知るホンダOB）。

将来への投資を怠った

成長への投資振り分けもうまくいかなかった。

「トヨタ自動車に比べても、ホンダは売り上げに占める研究開発費の比率が高く、投資負担が重かった。しかし、その中身はほとんどが量産開発に充てられていて、将来的な開発投資に資金が回ってこなかった」。ナカニシ自動車産業リサーチ代表アナリストの中西孝樹氏は分析する。

不振の4輪に代わり、ホンダを支えるのが祖業の2輪事業だ。アジアなどで量産台数の多い複数の車種はプラットホーム（車台）を共通化。高効率な生産を実現し、営業利益率は10％を超える。21年度業績をみると、2輪の売り上げは4輪の4分の

1以下だが、利益は2輪が上回る。

4輪事業も手をこまねいているわけではない。英国やトルコ、狭山（埼玉県）など複数の工場を閉鎖し、派生モデルも2025年までに18年比で3分の1に減らす。

2輪に比べると4輪は見劣り

ホンダの4輪と2輪の事業規模

HONDA

4輪		2輪
世界8位	業界順位	世界1位
412万台	グループ販売台数	1702万台
2362億円	営業利益	3114億円
2.5%	営業利益率	14.3%
14万6092人（2万7949人）	連結従業員数（単体）	4万6448人（5334人）

（注）2021年度。4輪販売台数のみ通年の数字
（出所）決算資料や有価証券報告書などを基に東洋経済作成

また「ホンダアーキテクチャー」と呼ぶ新しい設計手法を導入。車種を超えて主要な部品の共通化を図ることで、コストダウンや開発・設計の効率化に結び付ける。今後は導入車種が拡大し量産効果が高まることで、工場閉鎖も含めた一連の合理化の効果が出てくるとみられる。

ＥＶやソフトウェアなど開発領域が広がり続けている。４輪事業再建へ残された時間は多くない。

（横山隼也）

「EV出遅れ組」からの起死回生策

「今売られているEV（電気自動車）は1車種だけ。本当に脱エンジンなど達成できるのか」。あるホンダ系部品メーカーの首脳はそう疑問を口にする。

2040年に世界で販売する新車をすべてEV・燃料電池車（FCV）にするという「脱エンジン目標」を掲げるホンダ。現在、同社唯一の独自開発EVが2020年に日欧で発売した「ホンダe」だ。1回のフル充電で走行できる距離は最大283キロメートル。街乗り用途を想定しており長くはない。価格は495万円と安くないが、安全性能や新たな先進技術を盛り込んだ。

ホンダeは欧州で強化された環境規制への対応という側面が強い。そのため年間販売目標台数は欧州1万台、日本1000台と控えめに出していた。だが、最新となる

2022年9月末時点で日欧における累計販売台数は1万0754台。22年1〜9月では約2000台にとどまる。

トヨタ自動車と同様にホンダは、ハイブリッド車を電動車戦略の主軸としてきた。ホンダの2021年の電動車販売台数は約59万台。その9割以上をハイブリッド車が占め、EVはわずか2・4%だ。その結果、株式市場からは米国のEV専業メーカー・テスラや中国勢、10年以上前からEVを手がける日産自動車と比べて、「EVの出遅れ組」などと言われてきた。

汚名返上とばかりにホンダは、日本や北米でEVを投入していく計画。そこで社内で検討しているのが、高価格帯と低価格帯でメリハリをつけた商品戦略だ。

高価格帯では、北米専用の高級ブランド「アキュラ」を2028年に完全EVブランド化したうえでグローバル展開する。現行車より生産コストの高いEVに切り替えることで、販売価格帯は現行モデルより100万円以上上がりそうだ。

価格では1000万円を超えるテスラの「モデルS」や独メルセデス・ベンツの「E

QS」まではいかないが、高級EVとして位置づけられるだろう。少なくとも、600万円前後のトヨタ「bZ4X」などより一段上のカテゴリーに入る。

2030年までと位置づけるEV拡大期では、高付加価値・高価格帯にシフトするというのがホンダの基本戦略。ただ、低価格帯でも攻めの手を打つ。

「N－BOX」もEV化

その目玉となるのが、軽自動車「N－BOX」ベースのEV。日本国内の2022年新車販売台数で1位を取るほどの人気車種であるため、インパクトは大きいだろう。当初は2030年をメドとしていたが、早期に市場投入できるよう準備を進めている。

商品戦略を練る際に参考にしているのが、EVで先行するテスラと日産だ。テスラは500万円からと比較的価格の高い高級モデルのみを展開することで高収益を実現。購入しているのは、先端的なデジタルツールを所有したがる都会の先行者層といえる。

逆に日産は、国の補助金を利用すれば200万円を切る価格の軽EV「サクラ」を日本でヒットさせた。軽自動車の1日の使用距離の短さに着目し、電池容量を落とすことで価格競争力をつけた。購入層は便利で経済的な「足」を求めている人々だ。

ただ、高価格帯で展開するためには、高くても売れるためのブランド戦略が欠かせない。その点、最近のホンダはブランド戦略が順調とはいえない。

アキュラは米国での2021年の販売台数が約15・7万台。約30・4万台のトヨタ「レクサス」の半分にとどまる。2022年1〜9月でもアキュラはレクサスの3割程度だ。中国では、合弁会社・広汽ホンダが2006年に販売を始めたアキュラブランドの生産・販売を23年1月に終了した。

欧州のプレミアムメーカーも今後こぞってEVを投入する中、ブランド力をどう磨くのかは大きな課題となる。ホンダとしては、これまで培ってきた安全性や機能性に加えてソフトウェアのアップデートサービスの充実でブランド価値を向上させる考えだ。

今後、運転支援や走行制御の技術はスマートフォンのアプリのように無線経由によるソフトウェアアップデートで機能を随時追加・更新できるようになる。ソフトウェア更新で購入後の車両の性能を高めれば、ユーザーが売却する際の車両価格の引き上げにつながる。ブランド価値の底上げにも寄与するはずだ。

ホンダは高級車と大衆車の二正面で勝負する

販売価格と航続距離でみる主要EVのポジション

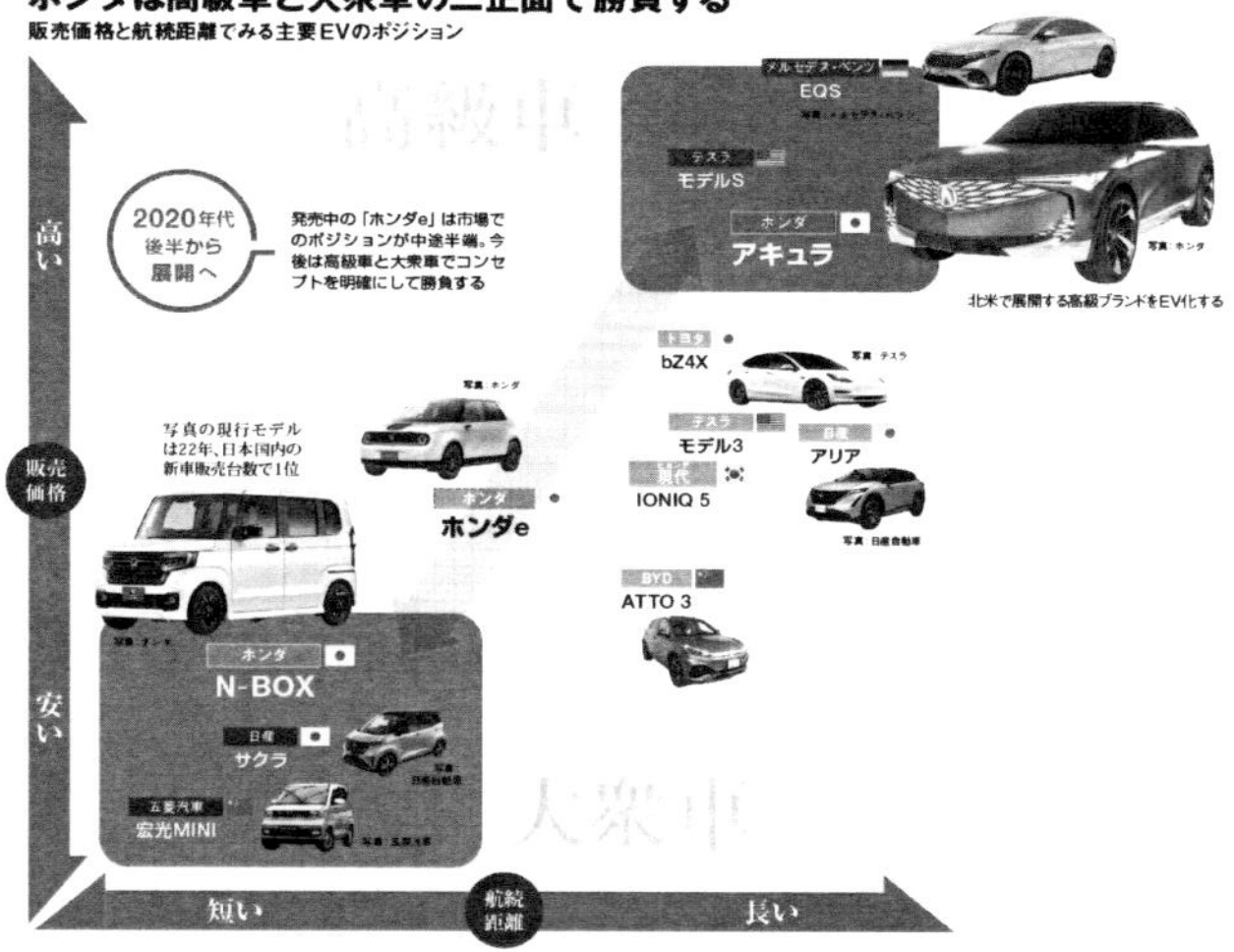

（注）写真はアキュラが北米で2022年8月に発表したEVコンセプトモデルで、N-BOXは現行のガソリン車　（出所）取材を基に東洋経済作成

「脱エンジン」達成のために、商品戦略と併せて欠かせないものがある。ＥＶの基幹部品である電池の開発だ。

現状、生産コストの高いＥＶは利益を出すことが難しい。しかし、市場で一定シェアを確保するために、多くのメーカーがやせ我慢をしてでも売っているというのが実態だ。あるホンダ関係者も「今のホンダのＥＶは売れば売るほど赤字だ」と明かす。この原因は、ＥＶの生産コストの約3割を占めるとされる電池にある。

ホンダは現在、電池の調達を外部の車載電池メーカーに頼っている。中国ではＣＡＴＬと連携を深め、日本ではエンビジョンＡＥＳＣから供給を受けることで合意した。北米では、ゼネラル・モーターズ（ＧＭ）が韓国・ＬＧエナジーソリューションと共同開発した電池を採用。さらにＬＧとは合弁で電池工場をオハイオ州に建設する。

電池内製で競争力アップ

一方、ＥＶ普及期を見据え注力するのが次世代電池だ。電解質が固体の全固体電池のほか、ＧＳユアサとは高容量・高出力リチウムイオン電池の開発・生産で提携をこのほど決めた。中でも本命とみられるのが全固体電池だ。

現在の主流である電解質が液状のリチウムイオン電池に比べて、温度変化に強く、発火の危険性が低いといった特性がある。１回の充電で走行可能な距離が延びるだけでなく、充電時間の短縮や小型化、安全性の向上などあらゆるメリットが期待できるとされる。ホンダは２０２０年代後半に全固体電池を搭載したＥＶを発売するとの計画を掲げている。

２０３０年ごろまでは外部調達に頼り、ＥＶ普及期に入った段階では内製と外製を組み合わせた形で電池の競争力を高めていく。そんな思惑がホンダの電池戦略から透けて見える。「そもそもＥＶの心臓部が外部任せでいいのかという問題もある」。ホンダ幹部は開発の意義をそう話す。

「ＥＶシフトの動きは加速している。日本にいてはそれがわからない」。１月５日に開催された自動車5団体主催の賀詞交歓会の場で、ホンダの三部敏宏社長はそう口にした。実際、世界で最もＥＶが売れている市場の中国では、価格競争が激しくなっている。

三部社長は「（ＥＶシフトが）逆戻りすることは絶対にありえない」とも述べる。ただ、脱エンジンの達成には、ＥＶを事業として成立させられることが大前提。競合他社との投資競争など消耗を強いられる面も強いだけに、総力戦の態勢が必要だ。

（横山隼也）

全固体電池の開発は課題山積

小型化や安全性の向上などで、ＥＶ（電気自動車）のゲームチェンジャーになると目される全固体電池。だが、実用化に向けた課題はまだまだ多い。

トヨタ自動車は、２０２０年代前半の実用化を目指している全固体電池をハイブリッド車から採用すると、２１年9月に明らかにした。ＥＶでの採用に慎重な理由は、エネルギー密度がまだ不十分なこと、電池の寿命が短いことだ。

全固体電池は、正極と負極の間に存在する電解質が液体ではなく固体になっている。電池の充放電を繰り返すと、この固体電解質が収縮するなどして、電池の劣化を促進してしまうという。

特許数で他社を圧倒し、研究開発で先んじているはずのトヨタが苦戦している。そのことからも、技術の確立に向けたハードルの高さがうかがえる。さらに商用化の段階では、一定数量を安定的に供給することが求められる。要求される品質を満たした製品を、効率的に造る能力が必要になる。

あるホンダ元幹部は、「いつ実用化できるかわからないものに投資をする余裕があるのか」と懸念を示す。万が一、研究開発に失敗すれば、ホンダの描くＥＶでの挽回策も見直しを迫られる可能性がある。

（横山隼也）

BYDがテスラを猛追

新局面を迎えるEV市場

　時代の寵児の快進撃がついに止まるのか。米国のEV（電気自動車）専業メーカーであるテスラが、2022年秋から米国や中国、日本などで値下げしていることが話題を呼んでいる。テスラは直前まで値上げを繰り返していたが一転、10％以上と大きく値下げに動いたからだ。

　テスラの22年の世界販売台数は、前年比40％増の131万台で過去最多を記録した。しかし、前年比50％以上増という目標を下回り、成長減速の懸念が強まっている。

　とくに巨大市場である中国では、比亜迪汽車（BYD）が急激に販売台数を伸ばしている。22年のEV世界販売台数は91万台とテスラを猛追。EVとプラグインハイブリッド車を合わせた販売台数だと、22年年央から勢いがついて年間ベースでテスラを上回った。

BYDの販売台数がテスラを逆転

BYDとテスラの月別新車販売台数

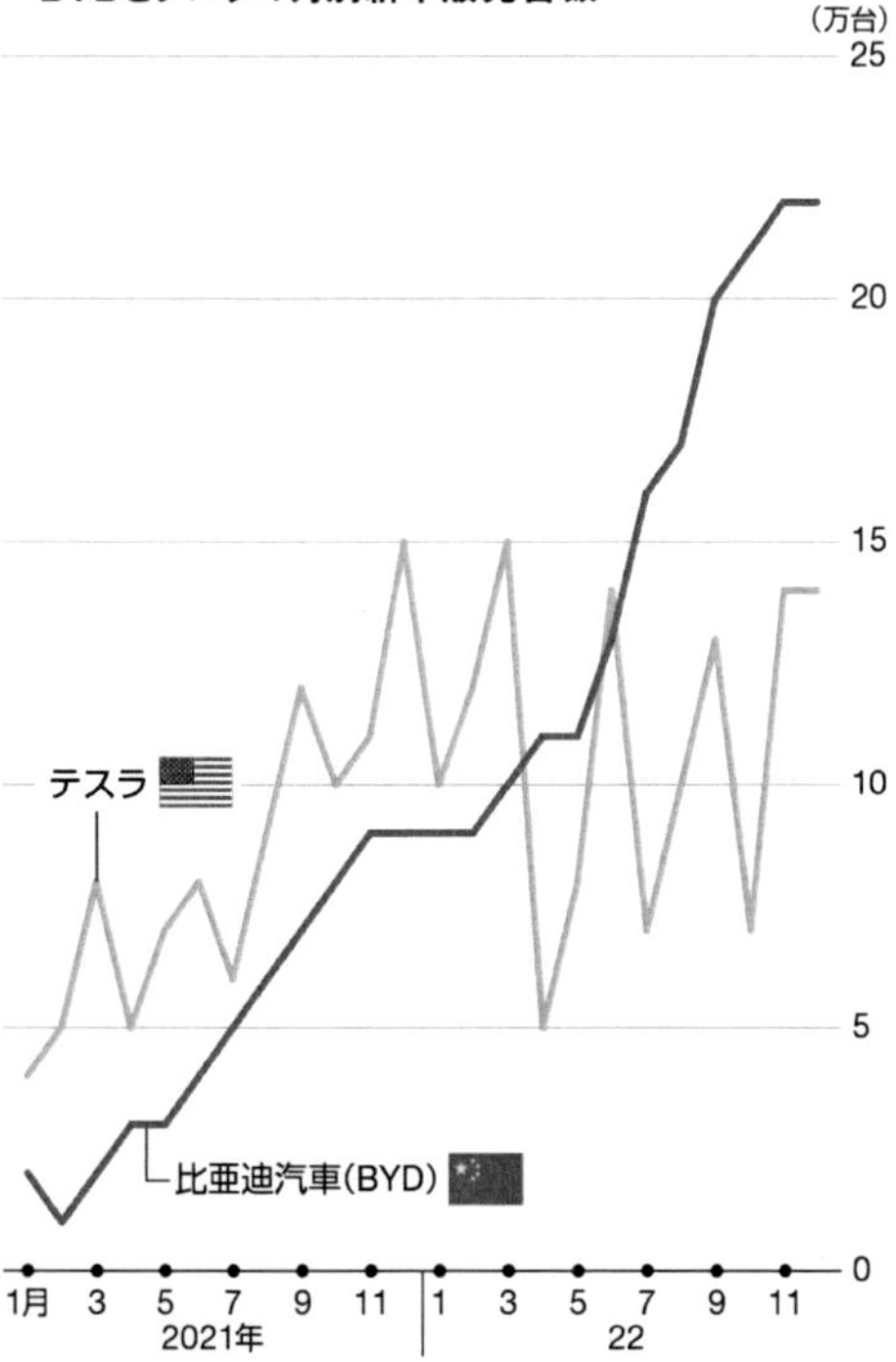

(注)日米欧中など主要14カ国でのEV、プラグインハイブリッド車、燃料電池車の販売台数
(出所)マークラインズの調査データを基に東洋経済作成

つまり「テスラ1強時代」は終わりを告げ、熾烈な販売競争に突入した。そのためテスラは値下げで巻き返しを狙っているとみられているのだ。

ただ、EVをめぐる事業環境は決してよくない。2022年以降、世界的なインフレや原材料の高騰、半導体不足による供給制約といったコスト増要因が重なっている。これらを背景とした値上げと競争激化による値下げが交錯している。

日本勢では、日産自動車と三菱自動車が共同開発した軽自動車EVを6%値上げすると2022年末に発表した。日産は「リーフ」についても標準グレードで約10%、航続距離の長いグレードで約100万円の値上げに踏み切った。海外でも、米国ゼネラル・モーターズが値上げした一方、フォード・モーターは値上げした後に一部車種で値下げを行った。

テスラは驚異の利益率

販売台数の増加目標は未達に終わったとはいえ、テスラの業績は好調そのものだ。

2023年1月25日に発表した22年12月期決算は、売上高が前期比51%増の814億ドル（約10・5兆円）、純利益は2倍超えの125億ドル（約1・6兆円）。いずれも過去最高だ。

営業利益率は16・8%。1桁の利益率で推移しているトヨタ自動車や独フォルクスワーゲンと比べると、驚異的な水準だ。そういう意味では依然としてテスラが脅威的であることは変わらない。

EVで大衆車となりうる世界的なモデルはまだ登場しておらず、テスラの値下げはあくまで高価格帯市場の中での動きともいえる。そもそも生産コストのかさむEVは、ガソリン車に比べて価格が100万円以上高いモデルばかり。テスラやBYDを含めて、人気のモデルは400万～1000万円の価格帯が主だ。

自動車業界のコンサルタント、米アリックスパートナーズの鈴木智之マネージングディレクターは、「導入期は高価格製品が中心。しばらくして普及したら中価格帯から低価格帯のモデルがメインになる」とEVの市場動向を予想。「充電などのインフラが整った段階で大衆モデルが投入されれば、大量に売れる可能性もある」との見方を示す。

充電インフラの不足だけでなく、米中対立の激化に起因する資源争奪戦など、ＥＶ普及へのハードルはまだまだ多い。テスラを脅かすような大衆モデルが登場するまでには時間を要しそうだ。

しかし、テスラが値下げを迫られるほどに、ＥＶ市場の競争は新たな局面を迎えている。それだけは間違いなくいえる。

（横山隼也）

ソフトウェア利益4000億円の野心

「右車線を確認してください。車線変更します」。ピピッという告知音の後に音声が流れた。指示に従って右側を確認すると、ハンドルを操作せずとも自動で車線変更がスムーズに行われた。これはホンダが研究開発を進める運転支援技術の一部だ。

2022年11月下旬、ホンダは次世代運転支援技術の発表・体験会を開いた。そこで披露されたのが、渋滞時の一般道でハンズオフでの運転支援を行う技術だ。2020年代半ばから新車に順次適用している。ドライバーの異常を把握して事故のリスクを未然に防ぐ技術を含めた、高度な運転支援機能も24年以降に搭載予定だ。開発担当者は、「事故に遭わなくなるというのが大きな価値になる」と強調する。

このような新たな技術は、5~6年に1度行う車のフルモデルチェンジの際に搭載するのが一般的だった。だが今後は、「ＯＴＡ（Over The Air）」と呼ばれる無線経由のソフトウェア更新などを通じて、後から機能が追加されるケースも増えてくる。アプリのダウンロードで機能を随時拡充できるスマートフォンのように、自動車もなるわけだ。

ＯＴＡで提供するソフトウェアは安全技術にとどまらない。ハンドルから手を離したり前方から視線をそらしたりすることが自動運転技術で可能になれば、法規制次第で自動走行中に動画視聴を楽しむなどドライバーの車内での過ごし方も変わる。ＯＴＡ以外でも、ホンダはエンターテインメントコンテンツの準備をしている。ソニーグループとの提携はその１つだ。

２０３０年には大きく利益貢献

定額課金（サブスクリプション）型も交え、これらソフトウェアのサービスを展開することで、２０３０年に２０００億円、４０年に４０００億円の利益を稼ぐ――。

これはホンダ社内でひそかに掲げられている目標だ。30年を目標とする2000億円でも、現在の4輪事業全体の営業利益に匹敵する。そこまで野心的な目標を設定したのには理由がある。

モーターや電池が中核部品となるEV（電気自動車）は、ガソリン車より生産コストが高い。販売価格を引き上げるしかないが、その影響で新車販売台数は減ると予想される。そこで必要となるのが新たな収益源。またガソリン車は、走行性能や制御機能で差別化ができた。だが電池とモーターで動くEVは、そうした車本来の領域で特徴を出しにくい。代わりに自動車の価値を決めるのは、ソフトウェアになるとみられている。

このソフトウェアサービスの先行例としてホンダが意識しているのが、EV専業メーカーとして知られる米テスラ。「FSD（フルセルフドライビング）」と呼ばれる自動運転機能は、OTAを通じてアップデートされる。

高速道路上の自動での追い越しや車線変更、自動駐車などがFSDではできる。将来的には完全自動運転機能も導入予定だ。OTAによる将来的な機能更新分も含めて、テスラはFSDを1万5000ドル（約195万円）で販売、10万人超の利用者を獲得している。これはホンダの目指すソフトウェアを通じた稼ぎ方にも符合する。

「ホンダの新しい電動事業を一刻も早く、既存事業のライバルとなれるような自立した事業に成長させる。このような考えで取り組んでもらいたい」

ホンダの三部敏宏社長は、2023年の年頭に当たり社内向けメッセージでそう呼びかけた。生産コストが高く採算の厳しいEVでは、開発や生産、販売などさまざまな場面で従来とは異なる取り組みやアイデアが求められる。

ここでも意識するのがテスラだ。ホンダ社内では「テスラに対抗する戦い方」という言葉が行き交い、テスラの事業戦略の研究が進んでいる。議論の出発点となっているのが採算の比較だ。両社のEV1台当たりの販売価格、開発費や販促費などの各費用を推計している。

ホンダの2021年時点の分析では、EV1台当たりの利益はテスラに大きく負ける。利益を出せるテスラ車に対し、ホンダ車が赤字となる主な要因の1つは「ディーラーマージン」の有無。これは販売店の取り分で、分析では車両価格の1割を占めるとしている。

ディーラーマージンと販促費の有無で差
テスラとホンダの1台当たり費用・利益推計

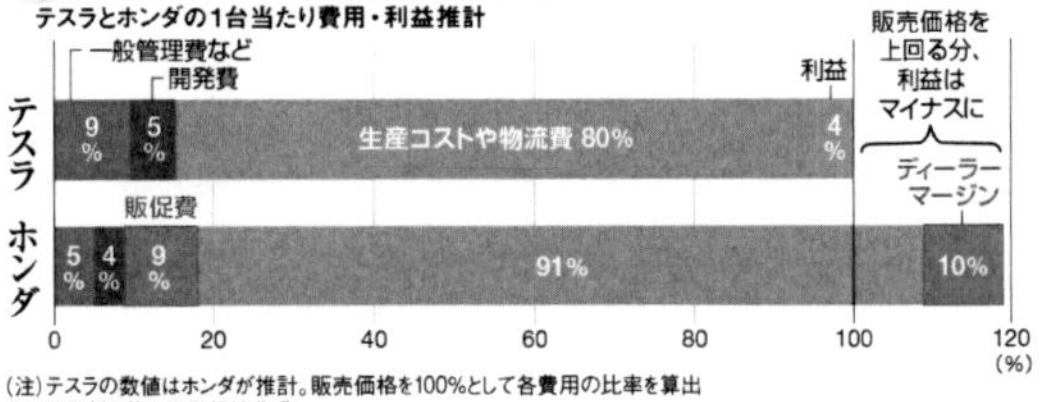

(注)テスラの数値はホンダが推計。販売価格を100%として各費用の比率を算出
(出所)取材を基に東洋経済作成

テスラの場合、オンラインや直営店で直販しているため、ディーラーマージンの負担がない。テレビ広告を打たず、店頭での値引きにも応じていない。その結果、販促費がかからないことも、1台当たり利益の差の要因としている。

調達面や生産面でもテスラとの差は大きい。テスラの車種はグローバルで共通化されており、わずか4車種と限定的。プラットホーム（車台）に加えて、OS（基本ソフト）をはじめとするソフトウェアも統一化を図ることでコストを徹底的に低減している。

一方のホンダはグローバルで40車種を超える。「ホンダe：アーキテクチャー」と呼ぶハードとソフトを組み合わせた共通プラットホームをこれから順次導入するとしているが、中国では現地向けに独自開発し、米国ではゼネラル・モーターズ（GM）と共同開発したものを採用しようとしている。

「今は乱立しているように見えるが、これから統一化を図っていく方針だ」。三部社長がそう話すように、グローバルでの一体的な共通化施策は道半ば。ソフトウェアの共通化もこれからの課題だ。

販売価格が自然と上昇するＥＶでは、ブランド価値も重要となる。ホンダ社内で新たなブランド価値に関する議論をする際、「驚き・感動・信頼」がキーワードとして頻繁に登場している。

信頼という点では、６０年に及ぶ自動車ビジネスで培った安全性がホンダの強みだ。運転支援の技術開発の基礎部分などでは優位性がある。

ただ、驚きや感動はどうか。ホンダ社内では、新たな自動運転機能をいち早く「体験」として提供するテスラ車を「デジタルガジェットカー」と表現している。携帯電話やカメラなどさまざまな製品のあり方までを変えたｉＰｈｏｎｅになぞらえられるかはともかく、新しい技術や時代の潮流に敏感な人々の心をテスラはしっかりつかんでいる。

強みであったはずの独創性を取り戻し、それをブランド価値につなげられるか。ＥＶ拡大期を迎えるに当たって、ホンダは自身のあり方を見つめ直す必要がある。

（横山隼也）

車にこだわらないホンダイズム

ホンダは自動車メーカーではない――。

ホンダの幹部や社員たちはそう口をそろえる。国内の大手競合とは異なり、社名に「自動車」を含んでいないこともその表れだという。

そんな一端を、本田技術研究所に見ることができる。経営から独立した形で研究開発が行える環境をつくるため、1960年に設立された。そこで研究が進むのが、2輪や4輪とは直接結び付かない「新領域」と呼ばれる分野だ。

その1つが空飛ぶクルマと呼ばれる「電動垂直離着陸機（eVTOL）」。人を乗せるだけでなく、物を運ぶ物流機能としての役割も期待される次世代モビリティーだ。

滑走路から離陸する必要がないことに加え、飛行時に温室効果ガスを排出しないため環境性能も高いとされる。欧米で開発が活発化しており、国内勢ではトヨタ自動車が出資するスタートアップも参入している。

ホンダは、4輪の電動化技術を生かして、ガスタービンとモーターを組み合わせたハイブリッドシステムを研究。バッテリーを動力源としてモーターのみで飛ぶ一般的なeVTOLに比べて、航続距離や稼働時間を2倍以上に高める方針だ。2025年までにプロトタイプを完成させ、2030年以降に北米などで都市間を移動するサービスの事業化を目指している。

一方で、2000年に登場した人型ロボット「ASIMO（アシモ）」。ホンダの技術力を示す「象徴としての存在」（ホンダ社員）だったが、すでに開発を終了している。その技術を応用して開発を進めているのが「アバターロボット」と呼ぶ人型ロボットだ。

現在注力しているのが、人の手のように5本指の形状をした「多指ハンド」による動作性能を磨くこと。すでに小さいコインを拾い上げたり、飲料のプルトップ缶を開けたりすることが可能になっている。

ホンダは、アシモの躍動感のある動作性能と手先の高度な技術を組み合わせながら、その場に人間がいなくても遠隔操作でロボットに作業させるという将来を描く。例えば、医療現場や工場での活用だ。

クルマや2輪車以外でも積極姿勢
ホンダが研究開発を進める新領域

小型ビジネスジェット

2023年までに「ホンダジェット」を軸にした国内中心の移動サービス開始。航空機事業単独の黒字化を急ぐ

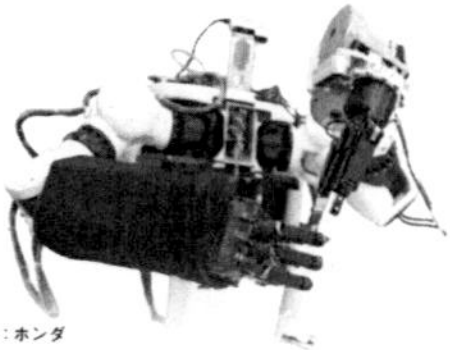

写真：ホンダ

人型ロボット

遠隔操作できるアバターロボットを30年代に実用化へ。2足歩行型ロボット「ASIMO」の技術を活用

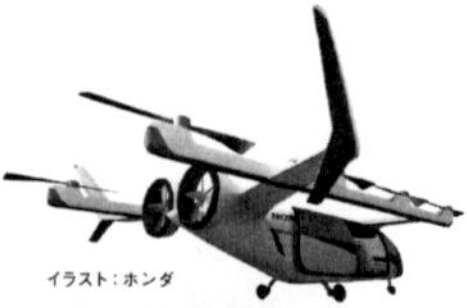

イラスト：ホンダ

空飛ぶクルマ

25年までにeVTOL（電動垂直離着陸機）の試作機を開発、30年以降に都市間移動サービスを実現へ

イラスト：ホンダ

小型ロケット

29年までに人工衛星用で打ち上げ試験

（出所）取材を基に東洋経済作成

ただ現状では、そうした新領域の市場は形成されていない。そればかりか需要があるのかさえ不透明だ。にもかかわらず、なぜホンダはこうした中長期の研究開発に取り組んでいるのか。

あるホンダ幹部は、「次の時代のビジネスのにおいを嗅ぎ分け、見つけるためだ」と説明する。

技術研究所は、2輪や4輪の既存市場で独創性のある商品によりヒットを飛ばし、存在感を示してきた。ただ、近年はホンダ本体とは別組織であるがゆえに、開発や設計といった組織間の調整に時間がかかるなど弊害が大きくなっていた。

そこで八郷隆弘前社長は聖域とされた技術研究所の合理化改革を断行、4輪の開発機能をホンダ本体に移管した。その結果、残されたのが先端技術領域だったというわけだ。そのため技術研究所はユニークな商品を開発し、市場を切り開いていくというチャレンジングな側面がとくに強くなった。

技術研究所の大津啓司社長は、「新しい技術をわかっている人たちが、どういう事業を展開すべきなのかまで考えながら開発している」と話す。もっぱら研究開発だけにいそしんでいるわけではなく、エンジニア自身が将来の事業まで考えることで、存在価値を発揮しようというわけだ。

無駄遣いという指摘も

技術研究所では、さらにスケールの大きい分野も手がけている。例えば、人工衛星を搭載する小型ロケットや、宇宙航空研究開発機構（ＪＡＸＡ）と組んで月面探査を支える技術の開発などだ。

東海東京調査センターの杉浦誠司シニアアナリストは、「無駄遣いという指摘もあるが、ホンダの色を出すという意味でも新たな領域の研究は欠かせないだろう」と指摘する。

創業者・本田宗一郎の悲願だったホンダジェットを納入したのは２０１５年。研究開発を始めてから約３０年かかった。ホンダのアイデンティティーともいえる挑戦的な研究開発は、今後どのように花開くのだろうか。

（横山隼也）

人との会話で動く機能も

AI搭載超小型モビリティーの現在地

「ハンバーガーショップまで迎えに来て」「了解です」

これは本田技術研究所が現在開発中の超小型モビリティー「サイコマ（CiKoMa）」と人間との会話のやり取りだ。

サイコマはホンダが独自開発しているAI（人工知能）を搭載。人間の言葉を理解し、車載カメラによる画像認識で周囲の状況を把握しながら目的地まで迎えに来てくれる。

1人乗りの超小型、もしくは軽自動車クラスの小型EV（電気自動車）を想定。高齢者や運転が苦手な人など、移動に不安を感じる人たちの利用を見込む。また、人口減少が予想される地域での移動手段として、新たな需要を開拓しようという狙いもある。

奥まった路地も走行

ホンダは現在、乗用車や商用車でも自動運転技術の開発を進めている。だがサイコマは、そうした自動運転技術が採用している高精度地図を必要としない。つまり、一般的な自動運転技術では行くことができない奥まった路地や、施設の内部まで走行が可能だ。

提携する茨城県常総市などで実証実験を重ね、認識の精度やＡＩ技術を磨く。ホンダによると、２０３０年以降の実用化を目指している。担当者は「実証実験を通じ、消費者ニーズを捉えていきたい」と話す。

調査会社によれば、超小型モビリティー市場はシェアリングエコノミーなどの普及とともに拡大すると予想されている。事業化へ向けては技術開発のみならず、どのようなサービスを展開するかという視点も必要になりそうだ。

（横山隼也）

写真：ホンダ

超小型モビリティーは短距離移動を想定する

変革を迫られる3年目の三部体制

2023年4月で就任3年目に入るホンダの三部敏宏社長（61）。過去三代のホンダ社長は在任期間が6年、そろそろ折り返し地点が見えてくる。1月24日に発表された4月1日以降の新布陣は、任期後半を見据え三部カラーが濃いものとなった。

まず目を引くのが副社長人事だ。竹内弘平副社長（62）は退任し、青山真二専務（59）が副社長に昇格する。竹内氏にはなかったCOO（最高執行責任者）という事業全体を所管する役職にも就く。

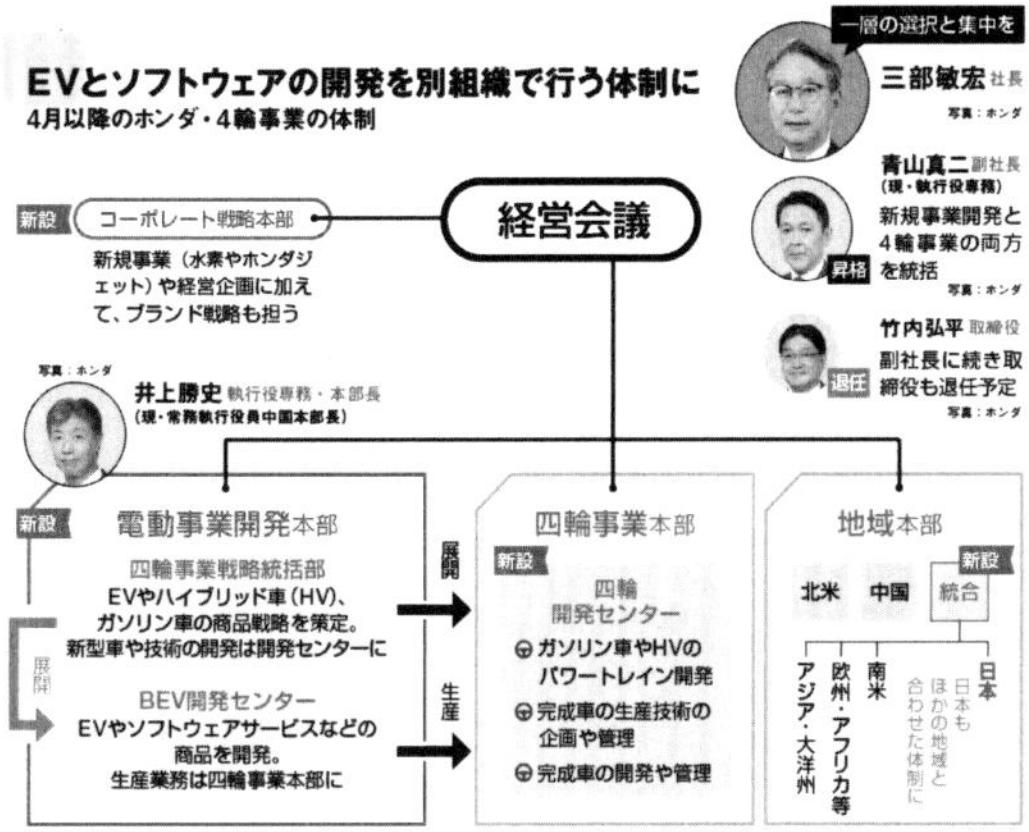
EVとソフトウェアの開発を別組織で行う体制に
4月以降のホンダ・4輪事業の体制
一層の選択と集中を
三部敏宏 社長
写真：ホンダ
青山真二 副社長
(現・執行役専務)
新規事業開発と4輪事業の両方を統括
昇格
写真：ホンダ
竹内弘平 取締役
副社長に続き取締役も退任予定
退任
写真：ホンダ
経営会議
新設
コーポレート戦略本部
新規事業（水素やホンダジェット）や経営企画に加えて、ブランド戦略も担う
写真：ホンダ
井上勝史 執行役専務・本部長
(現・常務執行役員中国本部長)
新設
電動事業開発本部
四輪事業戦略統括部
EVやハイブリッド車（HV）、ガソリン車の商品戦略を策定。新型車や技術の開発は開発センターに
展開
BEV開発センター
EVやソフトウェアサービスなどの商品を開発。生産業務は四輪事業本部に
展開
生産
四輪事業本部
新設
四輪開発センター
ガソリン車やHVのパワートレイン開発
完成車の生産技術の企画や管理
完成車の開発や管理
地域本部
新設
北米
中国
統合
アジア・大洋州
欧州・アフリカ等
南米
日本もほかの地域と合わせた体制に
日本
（出所）公表資料を基に東洋経済作成

竹内氏はわずか1年での副社長退任となるが、もともと「つなぎ役」だったとの見方が強い。ホンダの経営トップは創業以来、「社長は技術畑で副社長は事業畑」という組み合わせが基本。竹内氏は管理・財務畑の出身だった。

対する青山氏は、四輪事業本部長と新規領域を担う事業開発本部長を兼任するキーマン。北米など海外事業の経験も豊富だ。「三部氏が社長に就いたら、年齢や実績から青山氏が副社長になるだろうという雰囲気は以前から社内にあった」。関係者がそう語るように、昇格は既定路線だったといえる。

異色なのは、青山氏が2輪事業での経歴が長く「生粋の2輪の人間」（ホンダOB）であること。「ホンダは2輪だと世界1位のメーカーであり横綱相撲が取れる。だが、4輪ではそうはいかない」（同）。青山氏は頭を切り換える必要がありそうだが、「事業開発本部で4輪や2輪など電動化の事業全体を俯瞰的に見た経験を生かせる」と、ホンダは説明する。

自身を「プレッシャーには強い」と言い切る三部社長は、2021年4月の就任以降、矢継ぎ早に大きな施策を打ち出してきた。

こうした大胆さは、今回発表した組織改革でも見て取れる。その象徴が青山氏の率いてきた「事業開発本部」の改組だ。４輪や2輪などの新技術やサービスを一体的に開発する目的で、２２年4月に立ち上げたばかりだった。

改組して新設するのが「電動事業開発本部」。新車の商品戦略を一手に担い、ソフトウェアやＥＶ（電気自動車）、２輪の電動化といった次世代の技術・サービスの開発を手がける中核組織となる。

今後の成長のカギを握る同本部の本部長には、現中国本部長の井上勝史氏（５９）を抜擢した。欧州や中国などＥＶ先進国での経験が買われたようだ。また井上氏は、英国現地法人の社長時代に合理化策の一環として行われたスウィンドン工場撤退を指揮。地元の反発が予想された難題だったが、無事やり遂げた。「営業畑が長くバイタリティーのある人間」「親分肌で推進力がある」との評だ。

一方で、従来の四輪事業本部はエンジン車やハイブリッド車の開発と新車生産、サプライチェーンの構築に集中することになる。今回の組織再編は、新規と既存の事業のすみ分けをより明確にした形といえる。

日本本部は格下げ

組織改革ではもう1つポイントがある。地域本部の再編だ。

地域本部は現在、世界を6地域に分けて生産管理や営業統括を行っている。日本は1つの地域として位置づけていたが、4月以降はアジアや欧州、南米などと一緒に「統合」本部の傘下に収まる。ホンダの世界販売台数に占める日本の比率は約1割。同比率で各3割を占めEV普及で先行する中国と北米を、独立した本部として維持するのとは対照的な扱いだ。

ホンダによると、大型車需要が大きい北米や中国とは別に、中小型車需要が中心の地域を集約したという。しかし、あるホンダ元幹部は疑問を複数呈す。「市場が先細る日本と成長市場のアジアを一緒くたにしてよいのか。一方で、ホームカントリーである日本を軽視してもいけない。また、関係が緊迫している米中への依存を強めることはリスクになりうる」。

電動化と新たな価値創造の2つを「圧倒的なスピード」で実現するために組織変更を行う――。三部社長は、社内向けメッセージで組織改革の狙いをそう強調した。社長就任と同時に行った脱エンジン宣言から間もなく丸2年。自身の抱く危機感を社内に浸透させ、変革を加速できるか。これからが正念場だ。

(横山隼也)

部品メーカーを待ち受ける淘汰と再編

2022年10月、三部敏宏社長をはじめとするホンダ経営陣の姿が都内ホテルにあった。同社と関係の深い部品メーカーの幹部たちとの会合に赴いていたのだ。そこで三部社長は足元の事業状況を報告。最後に、本田技術研究所で開発する小型衛星ロケットの打ち上げ実験を映像で流した。

三部社長としては、ロボットなどと併せて新領域と位置づけるロケットの開発状況をアピールしたかったのだろう。だが、部品メーカー幹部らの反応は厳しい。「4輪事業をどうしていくのか、もっと具体的な説明が欲しかった。ロケットはわれわれに何のメリットももたらさない」。会合に参加したあるホンダ系部品メーカーの幹部はそうこぼす。

ホンダの世界生産台数は、半導体不足や中国の都市封鎖などの影響で、2022年度もコロナ禍前と比べて回復していない。上場する主なホンダ系部品メーカーも、10社中6社が上期は営業減益となるなど業績が振るわない。冷めた反応は仕方がないといえる。

2040年には販売する新車をすべて電気自動車（EV）と燃料電池車（FCV）にする計画を掲げるホンダ。これまでガソリン車やハイブリッド車を強みとしてきただけに、日本勢で唯一の「脱エンジン目標」は取引先である部品メーカーへの影響が非常に大きい。EVになれば市場が確実に縮小するエンジン部品メーカーへの衝撃は、中でも深刻だ。

廃業を選択した大阪技研

ホンダの子会社で燃料タンクの売り上げが3割を占める八千代工業は、燃料タンクの需要が2025年ごろにピークを迎え、その後に減少すると予想。排気系部品が

9割を占めるユタカ技研も、主力部品の需要減少を予測する。両社はいずれも売上高に占めるホンダ向け比率が5割を超える。新たな領域での収益獲得も模索している段階で危機感は強い。

ホンダの脱エンジンと将来を見越して、会社を畳むことを選択する部品メーカーも出てきた。2021年4月、破産手続きを申請した大阪技研（大阪府松原市）だ。エンジン向けアルミ鋳造設備メーカーだった。

「エンジンの開発プロジェクトが中止になる」

2021年1月、ホンダの担当者から大出竜三社長に1件の連絡が入った。自動車メーカーとの日々のやり取りや調査会社のリポートなどからエンジン部品市場の縮小は予想していた。だが、「20年から延期になっていたとはいえ、計画自体がなくなったと聞いて、いよいよEVシフトが来ているのではないかと直感した」（大出氏）。

大阪技研は、ホンダのほかにトヨタ自動車や三菱自動車とも取引があった。その実力を高く評価してくれた海外の自動車メーカーには技術指導も行っていた。

だが、ピーク時に14億円近くあった売り上げは、2019年12月期に3億円台まで減少。EV領域の研究開発は始めていたが、コロナ禍もあって事業の継続が難しくなった。そこで従業員への退職金などが支払えるタイミングでの廃業を決断した。

ホンダが脱エンジン目標を宣言したのは、大阪技研が破産を申請した直後。その2カ月後には取引のあったホンダのパワートレインユニット製造部（栃木県真岡市）の閉鎖も決まった。「いま思えば早くやめてよかった。22年もロシアのウクライナ侵攻やインフレ、円安とあってとてもではないが耐えられなかった」。大出氏は迷いなく言い切る。

EV化で影響が出るのはエンジン部品メーカーだけではない。あるホンダ系部品メーカーの首脳は、「製造原価の高いEVは販売価格が上昇する。その分だけ、売れる台数が減ってくる」と指摘する。

生産台数の減少は、部品の生産数量減に直結する。シートや車体、足回り部品など、エンジン以外の部品メーカーにとっても死活問題だ。「40年までに脱エンジンというだけでなく、われわれの投資に関わる部分である具体的な台数計画がいちばん知りたい」（ホンダ系部品メーカー幹部）。そんな切実な声が聞こえてくる。

ホンダ側もそのような声を無視しているわけではない。部品メーカーと日々やり取りする購買部門を中心に、支援の取り組みを広げている。一部のエンジン部品メーカーとはＥＶ向け部品の共同開発に着手。関係の深い部品メーカーに対しては、その会社の中長期的な事業の方向性を調べる経営調査を実施している。中小メーカーには、新たな取引先を紹介する取り組みも水面下で進める。

焦点は系列メーカー

さらに踏み込んだ措置として注目されるのが、系列部品メーカーの再編だ。

ホンダは２０２１年にケーヒン、ショーワ、日信工業の系列３社を日立系の日立オートモティブシステムズと経営統合させた。発足した「日立アステモ」は、ＥＶ向け駆動装置「ｅアクスル」や電子制御部品、ブレーキ、サスペンションなど幅広く手がけ、売上高１・５兆円を超える。

2022年8月には、自動車や2輪車などのキーシステムを手がけるホンダロックを機械部品大手のミネベアミツミに売却すると発表した。ホンダロックはホンダの完全子会社で、60年にわたりホンダ直系部品メーカーとしての役割を果たしてきた名門だ。

ホンダの竹内弘平副社長は、「技術力を生かして事業を拡大できると（ミネベアミツミから）お話をいただいた」とコメント。あくまでもホンダロック固有の事情であったと強調する。

ただ、あるホンダ系部品メーカーの幹部は、「ホンダとして系列の選別を始めたのではないか」と警戒する。

実はこの発表に伴い、ホンダの購買部門幹部は関係の深い部品メーカーに個別説明に回ったという。別の部品メーカー首脳は、「ホンダ直系のサプライヤーを手放すということでわれわれメーカーに混乱が起きることを懸念したのではないか」と推測する。

ホンダ系部品メーカーの間では、「エンジン部品メーカーの再編に踏み出すのでは」

との見方がもっぱらだ。トヨタ系や独立系のエンジン部品メーカーの間ではすでに企業単位、事業単位で再編の動きが広がりつつある。ホンダの子会社や関連会社でエンジン部品を主力とする会社は八千代工業やユタカ技研以外にも存在する。今後はこうしたメーカーの処遇が焦点になる。

エンジン関連や燃料タンクは需要縮小が必至

ホンダの主要サプライヤー企業とホンダ向け売上高比率

フレームなど車体部品
- エイチワン …… 86.5%
- J-MAX …… 66.5%
- ジーテクト …… 58.1%

シート
- テイ・エス テック …… 89.6%

燃料タンク
- 八千代工業 …… 90.0%

電子・駆動・排気系
- 日立Astemo …… 未公表

イラスト：ホンダ

サスペンションやフロントナックル
- エフテック …… 66.8%
- 都筑製作所 …… 未公表

エンジン関連
- 田中精密工業（エンジン部品）…… 74.5%
- 山田製作所（オイルポンプ）…… 85.8%
- ユタカ技研（排気システム）…… 57.6%
- 武蔵精密工業（駆動系）…… 50.0%
- エフ・シー・シー（クラッチ）…… 39.3%
- 大阪技研（エンジン向けアルミ鋳造設備メーカー）
  ➡ 破産申請後に廃業

（注）ホンダ子会社は社名が赤字。ホンダ向け売上高比率はホンダのグループ会社向けを含む2021年度実績値。ユタカ技研は主な販売相手先から集計　（出所）各社の有価証券報告書や決算説明資料を基に東洋経済作成

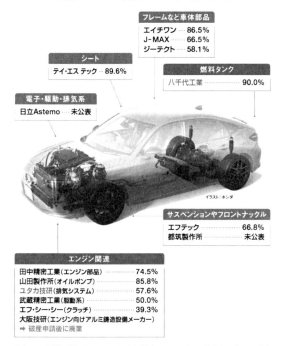

系列部品メーカーの再編について、ホンダが方向性や計画を明示しているものはない。竹内副社長は、「どういう技術を持っていて、EV化になってもどういった部品を造れるかを相談しながら、個々に方向性を話している」と言うにとどめる。あるホンダ幹部も「部品メーカーの経営者はそれぞれ考え方も違うし、経営環境への認識も異なる。結局、1社1社とひざを突き合わせてとことん話をするしかない」と強調する。

正解が見えない中で、最適解をどう見つけていくか。「部品メーカーには中小企業も多く、経営資源も限られる。(EVシフトに備えるために)今ある技術で新しいことに取り組むしかない」。大阪技研で同じ悩みに直面した大出氏はそう指摘する。

エンジン関連産業はこれまで日本の強みとされてきただけに、EVシフトは雇用や経済にも大きく影響する。いち早くその波にさらされるホンダ系部品メーカーの行く末は、日本の自動車業界だけでなく製造業全体の将来をも占う。

(横山隼也)

2025年工場閉鎖　真岡市の今

「すごいスピードで仕事の量が減っている。年内にも生産活動を終えるのかと思うほどだ」。ホンダが2025年中の閉鎖を決めた栃木県真岡市のパワートレインユニット製造部。同製造部と取引がある中小部品メーカーからは、驚きの声が上がる。

旧和光工場（埼玉県）のサテライト工場として、1970年12月に同製造部は設立された。クランクシャフトやミッションギアなどの鍛造部品を高効率で生産できる、エンジン部品の生産拠点だった。しかし、海外での現地生産が徐々に進んだことに加えて、ここ数年急速に進む電動化の動きが影響し、その役割を終えることになった。

人口約7・8万人の真岡市の経済に与える影響は大きい。同製造部の従業員は約

1000人で、市内の工業団地で働く従業員の1割を占める。

ホンダが市に納める固定資産税などの税収は年間数億円規模。さらに真岡商工会議所の増山明専務理事は、「産業の発展という面だけでなく、市のブランド力向上などへの貢献もあった」と話す。

真岡市や商工会議所などは2022年3月、ホンダに対し跡地活用や雇用の継続、地元企業への支援などを盛り込んだ要望書を提出した。真岡市商工観光課の担当者は、「影響を最小限に抑えられるように対応したい」と話す。

ホンダには小川エンジン工場（埼玉県小川町）も存在する。こうしたエンジン部品の製造拠点の動向は今後の焦点となりそうだが、もっと広い視野で警鐘を鳴らすのは、真岡の製造部と創業以来取引があるという五友工業（真岡市）の田川榮三郎社長だ。「EVシフトがさらに進むなら、全国の工業団地がなくなるのではないか。『ホンダがどうこう』と言っているレベルの話ではない」と指摘する。

自動車メーカーの製造拠点は全国に散らばる。「真岡市の今」は、ほかの工業都市にとってもひとごとではない。

（横山隼也）

ディーラーは収益激変　店舗網維持へ試練

「毛細血管のよう」――。トヨタ自動車や日産自動車と比べて小規模ながら、地場に根差したディーラー（販売会社）が多い自社の販売網を、ホンダ関係者はそう表現する。かつては、それがホンダの強みでもあった。

だが、自動車業界激変の大波は、もはや小舟のディーラーでは乗り越えられそうにない。そこでホンダは、今後も販売網を維持していくため、ディーラーの再編を急ぐ。

「ディーラー同士の経営統合を進めてほしい」

ホンダ関係者によると、ホンダは2～3年前からディーラーに対し、統合による規模拡大の必要性を、切々と訴えているという。

大きなトリガーは、やはり電動化だ。ディーラーの稼ぎ方は、ＥＶ（電気自動車）

へのシフトで大きく変わると予想される。従来の収益源は縮むとみられ、ほかに飯の種を育てなければ食べていけない。この変化に耐えるには、十分な経営体力が必要だ。

東日本のあるホンダディーラーは、「もうディーラー業ばかりに依存できない。顧客網や取引先との関係を生かした独自の事業に力を注いでいく。投資する余力がない会社はこの先、厳しくなるだろう」と予想する。

日本自動車販売協会連合会の調査によると、2020年度の国内のディーラーの粗利（手数料を含む）のうち、新車販売は31%を占めた。サービス・部品（32%）や手数料収入（23%）の中にも車検、法定点検、保険など、新車販売にひもづくものが多い。

新車販売や整備が減る

EV時代になると、これがどう変化するのか。考えられるシナリオは、①新車の販売台数が減る、②中古も含む市中の保有台数が減る、③整備の頻度が下がる、といったものだ。そうなれば、新車販売や整備に関連する収益は減少する。

ガソリン車より増える生産コストを転嫁するため、ＥＶは販売価格が上昇する傾向にある。その影響で、これからは車を持たずに必要なときだけ借りるシェアリングが広がる可能性は高い。人口減少も加速する中、中長期的に国内の販売台数の見通しは楽観できない。

また、電動化による部品点数の減少は整備の頻度に影響する。ガソリン車で約３万点ある部品点数は、ＥＶだとその７割ほどに減る。安全運転支援技術の一層の進化や普及で事故が減れば、整備や板金塗装の需要も縮む。


このように既存収益は減少が予想される一方、電動化による新たな負担は小さくない。

例えば、ＥＶの高電圧に対応した整備機器や、それを扱う専門知識・技術を備えた人員の確保は、大きな課題になる。そのための投資はかなりかさみそうだ。そのうえ、既存収益の落ち込みを補う独自事業への投資も必要になる。

こうした逆風は、各自動車メーカーのディーラーに共通する。ただ、ホンダの場合はトヨタや日産と比べ、より厳しい状況に見える。前述のとおり小規模なディーラーが多いからだ。彼らの大半はこのまま事業を続けても、来るＥＶ時代を持ちこたえるのは難しい。

『自動車年鑑』によると２０２２年の半ば時点で、ホンダは店舗数２１２９に対し、運営するディーラーの法人数は６０３。他社のディーラー法人数は、店舗数がホンダと同規模の日産で５分の１以下、店舗数がホンダの倍以上のトヨタは半分以下だ。いかにホンダには小規模なディーラーが多いかがわかる。１店舗しかない「シングルポイントディーラー」と呼ばれる零細法人も多いという。

新車販売や整備関連で稼ぐ
ディーラーの粗利の内訳(2020年度)

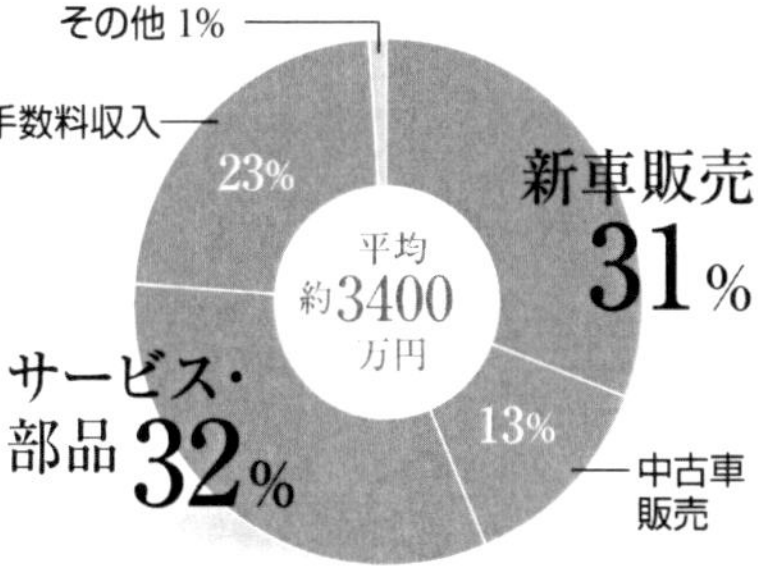

(注)国内自動車ディーラー1社平均の比率。大型車や輸入車は除く
(出所)『自販連会員総合調査報告書』を基に東洋経済作成

ホンダは店舗数に比して法人数が多い
完成車メーカー3社のディーラー網の概要

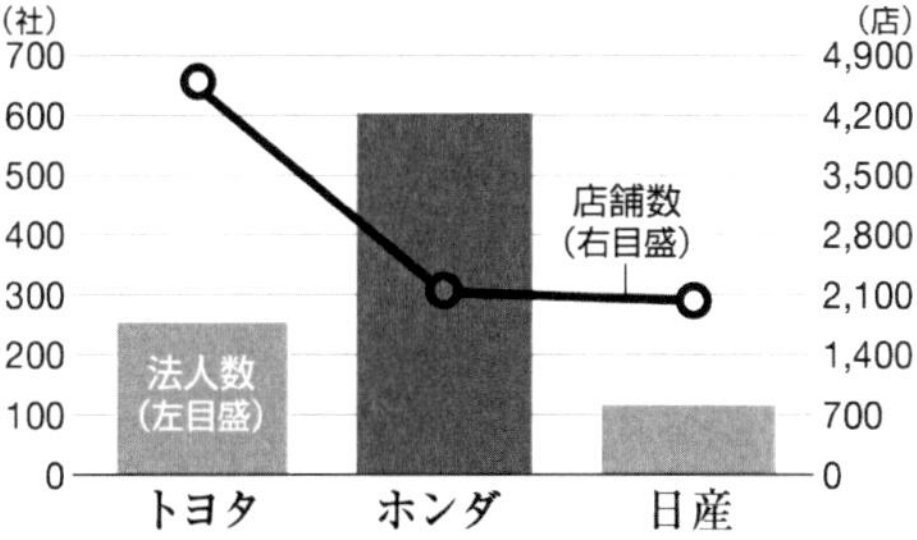

(注)トヨタは2022年8月末、ホンダは7月、日産は5月末時点
(出所)『自動車年鑑 2022〜2023年版』を基に東洋経済作成

本格的なＥＶ時代に突入する前に、ホンダは小規模ディーラーを巻き込んだ統合再編を進めることで、現状の２０００店規模の販売網を死守したい考えだ。

２０００店維持にこだわるのは、それがシェアの維持にも直結するとみているからだ。その地域から車検や修理などを担う店舗がなくなれば、ホンダの車を買う人も減っていく。シングルポイントディーラーの経営する小規模店舗といえども、それがあちこちで潰れて消えれば、積み重なりで販売台数に響く。

案件次第とはいえ、一定程度以上の規模があるディーラーにとっても、ほかのディーラーを買収したり合併したりすることは、必ずしも悪い話ではない。

ホンダのディーラー関係者によると、ホンダは店舗単位ではなく、運営する法人単位で新車を何台売ったかを主な評価基準にしているという。評価は仕入れ価格と小売価格の差額である「ディーラーマージン」に反映される。つまり、１社で多くの店舗を持つほど仕入れ価格で有利となり、「ディーラーマージン」が増えるわけだ。

「ディーラーマージンは車種にもよるが大体、１０～１５％。評価が１ランク上がれば、ディーラーマージンも数％上がり、１台当たりの粗利は４万～５万円増える。

これは非常に大きい」。中部地方のあるディーラー幹部はそう話す。ホンダの場合、評価ランクは3段階に分かれている。

また、整備士のなり手不足でどこも採用難に悩むが、このディーラー幹部は「規模を拡大することで、とくに若い人材の獲得で有利になる」とみる。売上高や従業員数など外形的な規模の大きさは、採用募集に応募する人の安心感を左右する。業界の先行きが不透明なだけに、重要なポイントになるというのもうなずける。

統合再編は避けられず

このようなメリットがあるとはいえ、有力ディーラー側も、相手を選ばず買収や合併をしたいわけではない。

「経営状況が悪いところを丸ごと引き受ければ財務にも悪影響が及ぶから、それは厳しい。しかし、経営状況がいいところはなかなか売りに出てこない」。ある有力ディーラーの財務担当者は、ジレンマを語る。

この言葉どおり、そもそも小規模ディーラーなどが事業撤退を考えるときは、すでに厳しい経営状況に陥っている場合が多いとみられる。ホンダ関係者は、「引き継いでもらう見返りにディーラーマージンで優遇するなどの方法も検討している」と明かすが、いかに有力ディーラーに吸収してもらうかは難題だ。

ホンダにとってディーラーの統合再編は、ただ店舗網を守れるかどうかの話にとどまらない。ホンダ自身がＥＶ重視の方向へと強くアクセルを踏む中、とくにＥＶの普及期においてはディーラーの協力が大切だからだ。

ＥＶ化は段階的に進んでいくもの。例えば、新車販売に占めるＥＶ比率が１０％程度に至った時点でも、小規模ディーラーにＥＶ関係の設備や人員確保に向けた十分な投資をする余裕があるかといえば、厳しいだろう。小規模ディーラーが費用を負担する形で、店舗に急速充電器を設置するといったこともあまり期待できない。

販売に伴って環境が整っていく面もある一方、環境が整っているからこそ販売が伸びる面もある。ホンダとしては、早い段階からディーラーにＥＶ関連への投資を進めてもらうためにも、有力ディーラーの下に店舗を集約することが重要になる。

「合併や店舗の売り買いは交渉事で、相手があるものだから簡単には進まない」。そういう懸念の声がディーラー関係者の間にあるのは事実だ。しかし、ホンダとしてはこれだけEV戦略に注力する以上、ディーラーの統合再編を徐行運転で進めるわけにはいかない。

ホンダはいかにイニシアチブを発揮し、ディーラーの統合再編をどれだけ加速させられるのか。その難易度は低くはなさそうだが、ホンダのEV展開の成否にも影響する重大なミッションとなる。

（奥田　貫、横山隼也）

期待と不安が入り交じるネット直販

少子高齢化や若者の車離れなどで先細りが予想される国内市場。そこでホンダが若年層など新たな顧客の獲得を狙って、2021年10月に始めたのが新車オンラインストア「ホンダオン（Honda ON）」だ。

サイトでは支払額の見積もりをはじめ、所有する車の中古車査定、契約を一括で行える。ホンダによると、商談から契約までをネットで完結できるサービスは国内勢で初。現状は毎月定額を払えば新車に乗れるというサブスクリプションサービスでの展開だが、将来的に新車の直販も始める。

これまでの実績では、会員登録をした約1500人のうち9割以上がホンダと接点のなかったユーザーで、半数は30代以下。現在の展開地域である首都圏1都3県と東北の一部以外の登録者も多くいることから、23年度中に対象エリアを全国拡大する予定だ。

対面での商談を面倒に感じる人やディーラー（販売店）に足を運ぶことにすら抵抗を感じる人にアプローチし、顧客層の拡大につなげる狙いがある。納車はホンダ系ディーラーが行う。そのためディーラー側にとっては「新たな顧客の獲得につながる」と、ホンダは説明する。

焦点は顧客接点の増減

「今後は人が減って、新規の顧客と接点を持つことも簡単ではなくなる。管理顧客の獲得につながるなら歓迎だ」。あるディーラーの幹部は好意的に受け止める。

実際、ディーラーにとって車検などアフターサービスは貴重な収益源。「保有台数を増やせば、アフターサービス収益の上積みとなる」（同幹部）と期待を示すのもわかる。

一方、複雑な心情をのぞかせるディーラーも少なくない。

首都圏のあるホンダ系ディーラーの幹部は、「顔の見えない顧客が来ることには抵抗感がある」と話す。通常であれば、顧客の来店をきっかけに信頼関係を築き、新車の販売・納車へとつなげていく。納車のタイミングからとなると、それぞれの顧客に合わせた接客や提案が行いにくい。

別のディーラーの社長は、「メーカーによるオンライン直販が広がるなら、われわれが新車を売る必要性はなくなる」と警戒する。ホンダオンが全国展開となれば、抵抗感が高まることも懸念される。

ホンダは「販売会社あってのホンダオン。お互いにすみ分けられることを丁寧に説明したい」と強調する。ただ、「売り切り型ビジネス」からの脱却を狙うホンダは、現在の製造・卸売りに加え、ディーラーの本分だった小売り・サービスまでも包含して事業転換後の青写真を描く。ディーラーとの関係性を再整理する日は、そう遠くないかもしれない。

（横山隼也、奥田　貫）

技術者の確保に高いハードル

「ご紹介いただいた方が入社した場合、紹介者と内定者に、金券10万円分をプレゼント！」。2022年末、ホンダの採用事務局から社員宛に送られたメールには、そんな文言が躍っていた。中途採用に力を入れているホンダは、社員の友人や知人からも「将来人材」の発掘を狙う。

ホンダの中途採用ホームページには、100を優に超える募集職種がずらりと並ぶ。AI（人工知能）や電池、EV（電気自動車）など、先端技術の研究開発職が目立つ。目を見張るのは、職種カテゴライズの細かさだ。「運転支援・自動運転システム」の研究開発職を例にとっても、システム設定領域、センシング領域、AI領域など多岐にわたる。

このような人材は当然、ほかの自動車メーカーも求める。リクルートの戸田洋子コンサルタントによると、EV関連の人材は完成車メーカー間の転職や、それらのメーカーと直接取引する1次部品メーカーから完成車メーカーへの転職という形で、奪い合いが起きているという。

自動車業界は従来、新卒文化が強く、若手を一から育てていくのが主流だった。それが3～4年ほど前からは、中途採用の動きが加速した。ただ、自動車の開発プロセスは独特であるため、「業界の勝手を知っている人材が欲しい」というのが各社の本音のようだ。

一方で最も争奪戦が激しいのは、ソフトウェア関連の技術者。運転支援機能などのソフトウェアは今後、スマートフォンのアプリのようにネットワークを介して機能が更新され、自動車の性能や価値を決める重要な要素となる。それだけに各社とものどから手が出るほど欲しい人材だ。

給与差が生む軋轢が怖い

「テックタレント」――。ソフトウェア開発やＡＩなどに精通した高度人材はそう総称される。しかしその給与水準には、自動車業界も含めた日本企業の悩みが見える。

人材コンサルティング会社のマーサージャパンは職種別の賃金データを調査している。同データで「エキスパート」と位置づける人材の年収は、従来のものづくりを担当する「生産部門」で１４１１万円、「テックタレント」で１４４９万円だった（ともに国内企業に対する調査の中央値データ）。

エキスパートとは、特定分野の専門家として業界内で名の通るような人材を指す。米国だとテックタレントは２４６６万円で生産部門の人材より４４０万円高い。それだけに日本企業のテックタレントの処遇の低さが気になる。

基本的に日本企業の多くは横並びの給与水準。テックタレントだけ給与水準を引き上げると、社員間に軋轢を生みかねない。マーサージャパンの佐々木玲子プリンシパルは、「テックタレントとそれ以外の既存人材とで給与差をつけることは難しい」と国内企業の実態を指摘する。グローバルでは高度人材と既存人材の報酬差が制度化されてきている。日系の自動車会社も制度化に動いてはいるが、本当に実行するところまでは行ききれていない。

一方で、テックタレントを採用しても、文化の衝突が社員間で起こる。仕事のスピード感の違いや失敗の許されない企業カルチャー、勤務地の縛りなどに窮屈さを感じてしまうからだ。マーサージャパンの伊藤実和子プリンシパルによると、テックタレントが定着せずに辞めてしまうことには海外企業も悩んでいるという。

「管理側の人材不足も、テックタレントの活用を阻んでいる」（伊藤氏）原因だ。人材はそろっているもののマネジメント側の問題で組織として機能せず、群竜無首に陥るというわけだ。今後は、テックタレントの高度な技術をビジネスにつなげるハブ的な管理者の存在が不可欠だろう。

テックタレント争奪戦は、海外の巨大ＩＴ企業をはじめ、アクセンチュアなどのコンサル会社、さらにはＮＴＴデータや野村総合研究所といったシステムインテグレーターなど競合がひしめき熾烈さを増す。その中で、人材を受け入れる土壌をいかに早くつくれるか。

ホンダは1970年代前半に週休2日制を導入するなど先駆的な取り組みをやってきた企業だ。「古くよりいる社員から反対の声が出たかもしれないが、その都度新しいものを取り入れてきて、今を迎えている」(ホンダ元幹部)。衝突を恐れず、給与や働き方の制度改革、組織運営の見直しを進めるしかない。

(村松魁理)

50代社員がざわつく早期退職プラン

55歳は年収3年分で、56歳だと年収2・5年分。1つ歳を取るごとに0・5年分ずつ減り、58歳だと年収1・5年分に——。

これはホンダの早期退職プランに応募すると、通常の退職金に加えてもらえる退職加算金の額。50代後半だと年収は1000万円前後で、最大3000万円程度が加算される計算だ。

この早期退職プランをホンダは「ライフシフト・プログラム（LSP）」と呼ぶ。2021年度と22年度の少なくとも2度募集し、55歳以上59歳未満の正社員（21年度は60～64歳も対象）に応募を呼びかけた。同様の制度は以前もあった。1991～2011年に行った「ニューライフサポートプラン」で、38～57歳が対象だった。

ＬＳＰを紹介する社内資料には、「社外で自らの力を発揮していくこと、自分らしく生きるために新たなチャレンジを行うことを希望する従業員に対して、経済的支援や転進サポートを行う」との文言が並ぶ。実際、面接トレーニングなど就職支援が盛り込まれている。そのためホンダは、ＬＳＰを「転進支援制度」と表現する。「別の分野での活躍を目指して挑戦しようとする人材を支援する制度だ」。ホンダはそう強調する。

「部署によっては必要以上に人が多く、仕事をするために仕事をつくっているケースもある。事業領域の異なる部署への異動もなく、人材の流動性がない。このまま６５歳まで働くよりも、割増退職金を受け取って自由に使える時間を増やしたい」

そう話すのはＬＳＰを利用した５０代社員だ。この社員の言うとおり、ＬＳＰ実施の目的は組織の活性化だ。とくにホンダ社員は５０代の多い年齢構成となっているため、世代交代を促す狙いがある。

社員全体に占める５０代の比率がホンダでは３０％に達する。トヨタ自動車やマツダの25％と比べると高い。社員の平均年齢もホンダは44・7歳と、トヨタや日産自動車を3～4歳上回っている。

約1900人が利用

東洋経済の調査によると、ホンダの21年度中の早期退職者数は1936人。多くがLSPを利用したとみられる。国内正社員の5％に当たる人数が早期退職したが、ホンダの50代社員比率は21年度末でも高い水準だ。

50代社員の比率は依然高い

ホンダの年齢別社員構成比

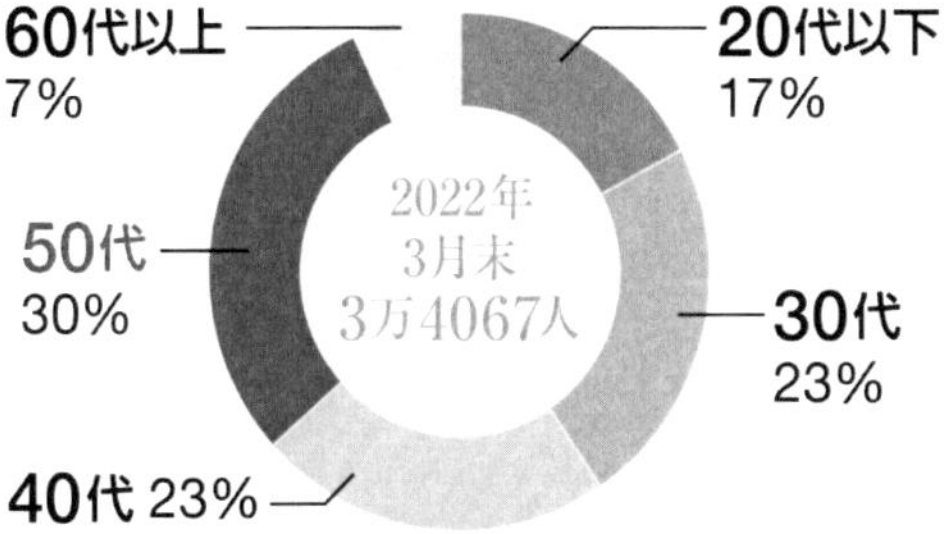

（出所）『CSR企業総覧（雇用・人材活用編）』を基に東洋経済作成

「うちの平均年齢の高さは業界トップレベル。有能な社員が流出する懸念もあるが、ホンダをよくしたいという熱い思いを持った人たちで立て直したらいい」（ホンダ中堅社員）。手厚い支援もあるからか、社内では割り切った受け止めがなされているようだ。

ホンダは近年、組織や人事も含めて大幅な構造改革を実施している。体制の最適化への模索は続く。

（横山隼也）

「高級車×ソフト」ソニーと狙う創造と破壊

米ラスベガスで1月初旬に開催された世界最大のテクノロジー展示会「CES2023」。現地会場ですさまじい盛況ぶりだったのは、ソニーグループの展示ブースだ。ホンダとソニーの合弁新会社で開発・試作したEV（電気自動車）が初披露され、人だかりができていた。

新会社のソニー・ホンダモビリティが、試作車と一緒に発表したブランド名は「アフィーラ（AFEELA）」。開発コンセプトの「自律性」「拡張」「親和性」を意味するそれぞれの英単語の頭文字「A」を、feel（感じる）の前後につけた。

2025年にまず北米で受注を開始し、26年春に納車する計画だ。販売チャネルはディーラー（販売店）を介さないオンライン特化の方針。詳細は明かしていないが、自動運転のレベル3を目指す。高速道路など一定の条件下で、システムが運転を担うことになる。

具体的な価格は未公表。ただソニー・ホンダモビリティの川西泉社長兼ＣＯＯ（最高執行責任者）は、「最先端の技術を詰め込み、高付加価値の車を造る」とかねて話している。ＥＶ専業の米テスラなどと競合する、あるいはそれを上回る高価格帯での展開になりそうだ。日本勢が得意ではない高級車市場で受け入れられるかに注目だ。

ＣＥＳの会場に展示されたアフィーラの試作車は、シルバー色のセダンでシンプルなデザイン。一見すると普通のＥＶと大きく変わらない。だが、細部からはブランド名に込められた「３つのＡ」の開発コンセプトが感じられた。

AFEELA
（アフィーラ）

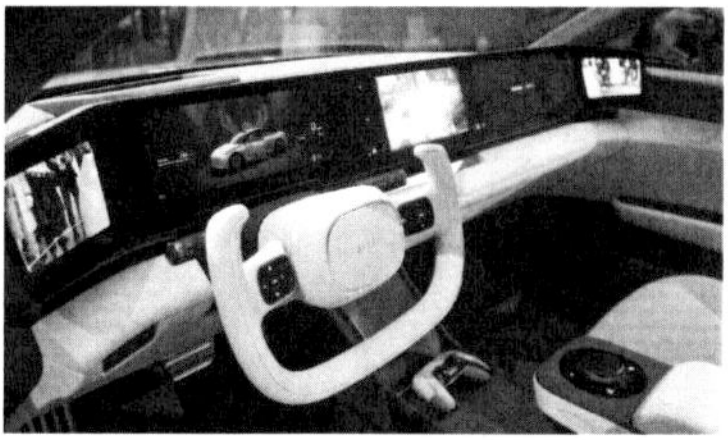

車体（上写真）のデザインはシンプルなのに対し、内装（左写真）はハンドルとディスプレーが特徴的

メディアバー（右写真）には好みのキャラクターなどを表示できる

外装は車体の前面と後部のランプの間にある「メディアバー」が特徴だ。歩行者が車を意識して見るとき、ドライバーの次に車の「顔」である車体前面に視線を向けるという。メディアという言葉のとおり、コミュニケーションの媒介手段にその「顔」を用いる。

既存の自動車メーカーだと、このような発想には至らなかったという。「どうしてもかっこいい『顔』、所有している優越感を覚えさせるエクステリア（外装）を作りたくなる」。ホンダ出身で新会社では開発に携わる、河野拓・デザイン＆ブランド戦略部ゼネラルマネジャーはそう話す。

内装で目を引くのは、上半分の欠けた「ヨークハンドル」形式のステアリングと、ダッシュボードをぶち抜いて一面に設置されたディスプレー。車室内に入ると、メーターやカーナビの表示と同時に、ソニーの強みとする音楽や映画などの再生ができる。

車内エンタメを売りにするほかの自動車でも、前部座席前の横一面をディスプレーにした車は見かけない。アフィーラのディスプレーはステアリングのすぐ奥にも広がっているが、ヨークハンドルなので視野が妨げられない。「自動運転が進むことで

（駐車時など）ハンドルを大きく切る機会が少なくなる」との判断が採用を後押ししたと河野氏は言う。

「座席の位置がこれほど決まったエンタメ空間はない」。ゲーム会社やホンダを経て、新会社でＵＩ（ユーザーインターフェース）を開発する村山尚氏は、アフィーラの車室内をそう表現する。シートは基本固定されているうえに密室。音楽や映画などのエンタメを体験するのに、スピーカーの配置や視野角の設定を最適化できる。

提携発表からすぐに始動

ホンダがソニーとの提携を発表したのは２０２２年３月。両社が５０％ずつ出資し、同年９月にソニー・ホンダモビリティを設立した。提携発表からわずか１０カ月で、試作車の公開にこぎ着けたことになる。そこまで急いだ理由として、ホンダを含め既存の自動車メーカーを取り巻く環境の２つの変化が挙げられる。

１つ目が、自動運転など先進技術や電動化といった開発領域の拡大だ。１０年代後半にこの動きが顕著となり、ホンダの研究開発費も22年度は過去最高の8600億円を見込む。もはや単独の経営資源では限界があり、ホンダは他社との提携を近年進める。ソニーとの提携もその流れの一環といえる。

2つ目は、ソフトウェアが車の進化を導き価値を定義するという考え方の台頭だ。「ソフトウェア・デファインド・ビークル（SDV）」と呼ばれる。

従来のガソリン車は走行性能や制御機能で差別化ができた。だが電池とモーターで動くEVは、そうした車本来の領域で特徴を出しにくい。その代わりに、運転支援技術などのソフトウェアが自動車の価値を決めるというわけだ。しかも今後のソフトウェアは、スマートフォンのアプリのように無線経由で機能を随時更新できる。

ソフトウェアの更新などで車の性能や機能を進化させ、その対価を継続的に得ていく。それがホンダの志向する新たな事業モデルだ。ただ、どういったユーザーやサービスに需要があるのか、現状明確でない。その点、月額課金での音楽・映画の配信などソフトウェアを基軸とした車載サービスを充実させる方針のアフィーラは、将来性を測る格好の場となる。

固定観念にとらわれないベンチャー企業のような新会社の気質も、ホンダには刺激となる。「ホンダのエンジニアはこれまでの枠組みで考えがち。一方でソニーの人たちは幅広い可能性を考える。両社のいいとこ取りをして自動車を造っていければ」。ホンダ出身の水野泰秀会長兼CEO（最高経営責任者）はそう期待感を示す。

アフィーラが目指すのは自動車の新たな価値の創出だけではない。ホンダの変革度合いを外部に見せる「ショーケース」にもなりそうだ。

（佐々木亮祐、横山隼也）

新会社で打ち出すクルマの新価値

ソニー・ホンダモビリティ
川西　泉社長兼ＣＯＯ／水野泰秀会長兼ＣＥＯ

２０２３年１月、試作車の公開にまでこぎ着けたソニー・ホンダモビリティ。異業種同士の融合でどのような勝ち筋を描くのか。ソニー出身の川西泉社長、ホンダ出身の水野泰秀会長の２トップを直撃した。

自動車に「知性」が備わる（川西）

――米国で初公開した試作車に多くの人が関心を寄せていました。

【川西】「思い切ったね」と多くの人に言われた。確かにデザインも思い切ったし、自動車の価値基準を変えようともしている。

モビリティーの進化とは何か。エンジンがモーターに置き換わることをもって進化とはいえないだろう。移動手段であること、運転する楽しみといった本質は変わらない。進化の方向性は、「インテリジェンス」になっていくと考える。

ADAS（先進運転支援システム）やエンターテインメントなど、ソフトウェアの重要性が増すほど、そこが勝負の舞台になる。単なる移動手段ではなくなり、新たな付加価値が提供されていくのではないか。僕はもともとソフトウェアエンジニア。価値基準の根底にソフトがあった。

――インテリジェンスとは「知性」「賢さ」ですか。

【川西】自動車の動力性能に関する情報は今回ほとんど出していない。身体に当たる動力性能に対して、頭脳に当たる知性の部分をより伸ばしていきたいとのメッセージを込めた。

自動車にインテリジェンスが備わってきたときに、今想像がつくような格好よさの定義で自動車をデザインしていいのかと考えた。1つの提案が車体前部と後部の「メディアバー」だ。（メーカーからユーザーへ）一方通行的に情報発信を行うだけでなく、その利用方法や新しい価値を提案していただけることを期待している。

――ソフトでの勝負なら、ソニーが強いエンタメを生かせるのでは。

【川西】誤解があるかもしれないが、エンタメは差別化要素にはならない。今でも車内で音楽は聴けるし、それはお約束の範囲内。ゲームもないよりはあったほうがいいが、付加価値になるものではない。

スマートフォンのように人それぞれ使い方が違う、その人にとって愛着が湧く「アイボ」（aibo：犬型ロボット）のような存在になる。そのために、機械として構成された物体から、もっとインテリジェンスを備える必要がある。（「スマホの頭脳」となる半導体チップでトップメーカーの）米クアルコムと提携するのもソフト強化のため。知性を伸ばせるように、できるだけ高い能力を持つハードを採用する。

ソフトで稼ぐのは難しい

――先進技術を盛り込むと、価格が高くなり普及が難しいのでは。

【川西】安いに越したことはないが、価格を追求することで実現したい世界がつくれなくなってはダメだ。自分たちの技術を詰め込むには、ハイエンド商品から入っていくことになる。ただ、商品のラインナップは今後いくつか考える。

（月額課金など）ソフトで収益の大部分を稼ぐのは難しい。自動車ビジネスはハードの単価が高いし、消費者も車載ソフトへの課金を受け入れがたいと思う。ビジネスモデルありきで考えず、試行錯誤する必要がある。ただ、売って終わりという考えは毛頭ない。発売はサービスのスタートラインであり、そこから機能のアップデートもしていく。どう顧客とコミュニケーションしていくかに頭を使う。

元手がないと立ち行かないので、利益は出さないといけないが、第一目標ではない。新しいモビリティーの体験を考え、提供し続ける。

競合とは正面から勝負せず（水野）

――未来の自動車の価値はどのように決まると考えますか。

【水野】自動車としての絶対的な価値は残る。航続距離やデザイン、運転して面白いというのは普遍的な価値だ。だから、テストコースでステアリングの操作性とかはもちろん議論する。

プラスアルファとしてあるのが、やはりソフトウェアだ。自動運転（ＡＤ）やＡＤＡＳに加え、コンテンツ系のソフトがスマホ同様に楽しめるようになる。自動運転が発展していけば、移動空間がエンタメ空間に転換していく。

ＥＶ（電気自動車）は電池の原価が高く、稼ぎにくい側面がある。（月額課金などにより）ソフトで稼ぐことも考えるが、ホンダでも車の販売台数はせいぜい年５００万台。しかもソフトに月１万円を払ってくれるとは考えにくい。

走行データの利用や、ＯＴＡ（ネットワークを介したアップデート）で自動運転のレベルを上げたり、バッテリー容量を増やしたりという稼ぎ方は考えられる。従来の新車の売り方と変わっていくのは間違いない。

――どのような顧客をターゲットにしますか。

【水野】「ギーク」と俗にいわれる、こだわりの強い客を取り込みたい。アニメや音楽にこだわる人や、自動車にこだわりがある人にもアプローチしたい。すると、今までにないものを提供することになる。

ホンダがつくるハードとADやADAS系のソフト、ソニーが持つセンサー技術やエンタメを足すと、米テスラや独メルセデス・ベンツと正面からぶつからず、ニッチなマーケットを作り出せるだろう。他社とガチンコで勝負せず、ブランド指名買いしてもらうことを目指す。

利益も重要だが、「おもろいやん」というものを絶えず世の中に出し続けるのがわれわれの責務だ。モビリティーの新しい定義ができれば楽しいし、競合のいない世界になる。

ソニーの下請けではない

――「ホンダがソニーの下請けになる」との見方もあります。

【水野】下請けではまったくない。互いにメリットがある。ホンダの人間もたくさん働いており、個々が得るノウハウは非常に大きい。例えばソニーの持つエンタメ。音楽配信サービス会社と契約したいといっても、ホンダだけでは誰に話せばいいかわからなかった。

ホンダは軽自動車から高価格帯まで車のラインナップをそろえている。例えば、軽のことをつねに考えていると、なかなか高価格帯にシフトしづらい。今回は新会社として（既存製品が）何もないところからのスタートなので、今できる最高技術のものから出してみようと。自動運転レベル3を目指し、センサーを45個搭載して、800TOPS（1秒間に800兆回の計算をこなせる）と、演算能力がかなり高い半導体を採用した。

既存の自動車メーカーはガソリン車もハイブリッド車もEVも造って、ソフトも開発しないといけない。「ゲームどうするの」「映画どうするの」と言われても、わかりまへんがな。中国でも自動車メーカーとIT企業の大手同士が提携している。自画自賛になるが、この組み合わせ（ソニーとホンダ）は非常にいい。餅は餅屋に任せて、自動車はうちで造るぜと。

（聞き手・横山隼也、佐々木亮祐）

川西　泉（かわにし・いずみ）
1986年ソニー入社。FeliCa企画開発部門長、モバイル事業の取締役などを経て2016年から執行役員。21年ソニーグループ常務。22年9月から現職。

水野泰秀（みずの・やすひで）
1986年ホンダ入社。中国事業トップなどを経て2019年常務。20年四輪事業本部長。22年9月から現職。

強みの「良品廉価」が通用しない

ソニー・ホンダの成否が占う　日本のEV戦略

市場や競合の動向を踏まえ、2025～30年のEV（電気自動車）拡大期は、高付加価値・高価格帯にシフトする――。

これが2040年の「脱エンジン」に向けて、ホンダが繰り出す最初の一手だ。「ホンダ」ブランドと高級ラインの「アキュラ」ブランドは、EV化に伴って価格帯がこれまでより数百万円上がるとみられる。

現状、EVは電池のコストがかさむため、販売価格は同車格のガソリン車より100万円以上高いのが普通だ。それでいて航続距離はガソリン車に及ばない。高級車ブランドならユーザーにも高価格を受け入れてもらいやすいだろう。だが、大衆車ブランドは苦しい。ガソリン車で培ったブランドの相場観と合致しないからだ。

ホンダは紛う方なき大衆車ブランドである。これまでのイメージを超える価格戦略を打ち出せなければＥＶ時代に勝ち残れない。そしてこの課題は、トヨタ自動車や日産自動車も含め日本勢が共通して抱えているものだ。

これまでのガソリン車時代、日本勢は大衆車市場を押さえることで世界的な地位を確立した。北米市場を「良品廉価」で席巻したホンダ「アコード」やトヨタ「カムリ」はその象徴である。

大まかなイメージとなるが、自動車の価格帯と各メーカーの分布を後の図に示した。ガソリン車時代は、価格が下がるに従い規模が増す三角形になる。

頂点に位置するフェラーリやポルシェといった超高級車の台数はわずか。ジャーマン３（メルセデス・ベンツ、ＢＭＷ、アウディ）などの高級車は超高級車よりも多い。その下、最も厚みがあるのが、日本勢が得意とする大衆車ゾーンだ。さらに低価格帯に位置するのは主に中国勢となる。

家電や情報機器では、低価格帯を攻略した中国勢が徐々に価格帯を引き上げ先進国メーカーを駆逐する構図が相次いだ。だがそれは、ガソリン車では起きていない。すり合わせ技術の塊であるエンジンはキャッチアップが難しいうえ、自動車では安全と信頼が重要視される点などが障壁になったのだ。

他方、高級車は儲かるかというとそれほど単純ではない。数量が出ないため、金型や開発費などの固定費負担が重い。高級車の販売では、豪華な店舗やセールススタッフを余裕を持たせて用意するために販売管理費も膨らむ。

その点、大衆車は薄利であっても数が出やすい。大ヒットすれば1台当たりの固定費が下がり、利益率は高まる。絶対的な台数に加えて生産能力に対する稼働率も利益を左右する。規模と効率のゲームで最も成功したトヨタは、大衆車市場で最大シェアを確保するだけでなく、「レクサス」で高級車市場にも橋頭堡を築いた。

EV時代は市場が二極化

しかしEV時代の市場構造は大きく変化する可能性が高い。

その原因は先述したように全体的な販売価格の上昇だ。しかも、ＥＶ普及が進んでも電池コストが下がるとは限らない。元日産自動車ＣＯＯの志賀俊之氏（現ＩＮＣＪ会長）は、「ＥＶは数量が増えても電池のコストがほとんど下がらない。数量が増えるとむしろ上がることもある」と解説する。

ＥＶ用電池はコストに占める材料費比率が高く、材料となるリチウムなどの資源開発は一朝一夕では進まない。昨今のＥＶ拡大ペースは速く、材料価格に上昇圧力がかかり続ける。電池の製造プロセス自体も規模の経済が働きにくい。

ＥＶの価格が上がるため、大衆車ゾーンは細る半面、高級車ゾーンが相対的に膨らむ。一方で日常の足としてのニーズを満たすために、航続距離が短く、装備を簡素化した低価格帯ＥＶが増える。ＥＶ時代の市場構造は中間層が細いいびつな形状になると考えられる。

大衆車市場を席巻した日本勢だがEV時代は守勢になる？
自動車の価格帯とメーカーの分布イメージ

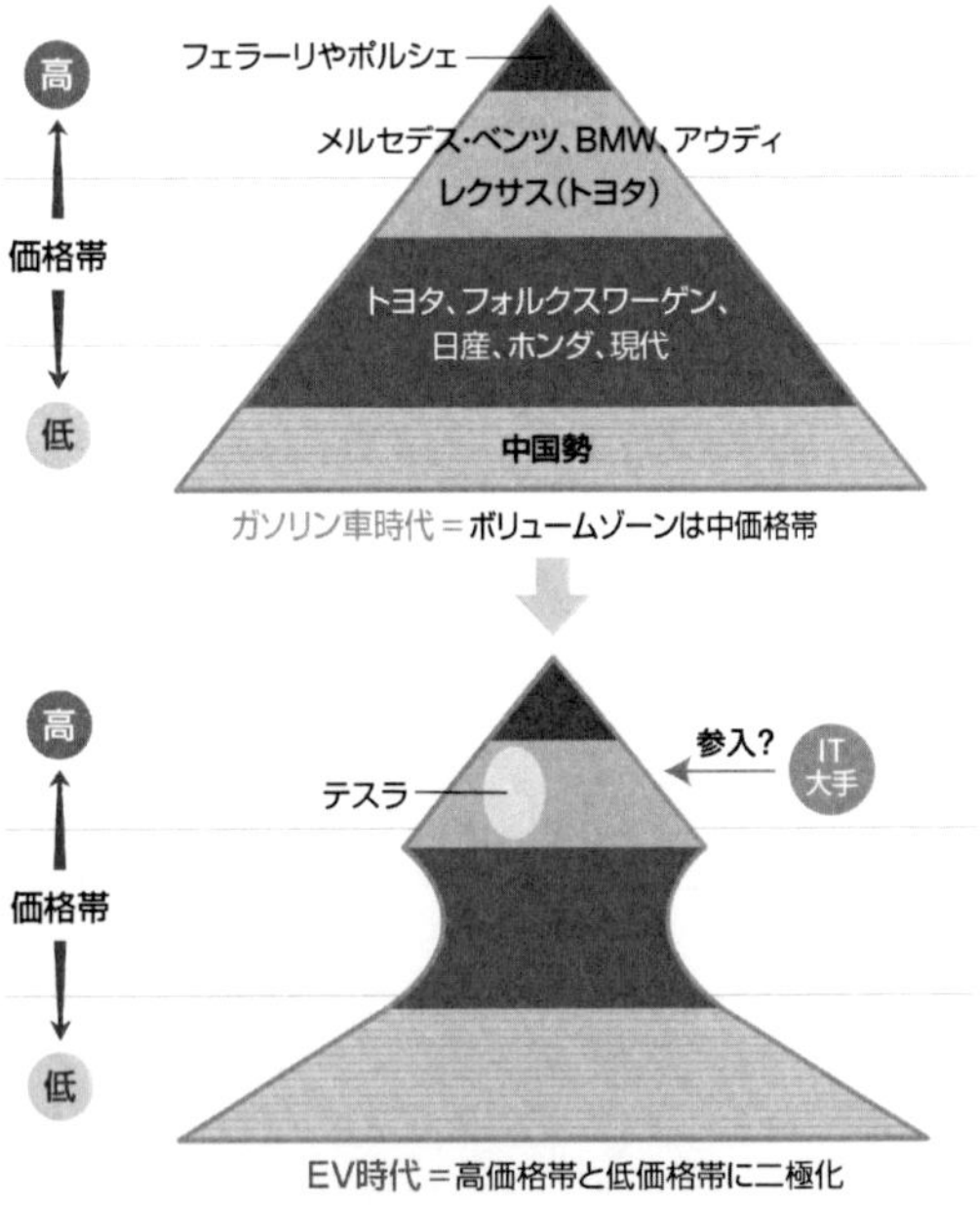

（注）各メーカーの中心価格帯でイメージ　（出所）取材を基に東洋経済作成

「EVでは日本勢が得意としていた真ん中の価格帯が苦しい」。中西孝樹・ナカニシ自動車産業リサーチ代表アナリストは、そう指摘する。この先、低価格帯で競争力を磨いた中国メーカーが、日本勢の得意とする中価格帯へ攻め上ってくることは間違いない。

実際、中国勢の勢いには目を見張る。上汽通用五菱汽車が2020年に約50万円で発売した「宏光MINI EV」は大ヒットした。昨今の材料高騰で値上げしても約70万円と圧倒的に安い。航続距離は100キロメートル程度だが、近距離用と割り切り需要を創出した。群生する低価格メーカーの淘汰は始まっているが、生き残ったメーカーの実力は侮れないものになるはずだ。

中国は割安なリン酸鉄系の電池で先行する点でも優位だ。同電池を生産するBYDは日本に上陸しており、第1弾となる中型SUV（スポーツ用多目的車）「ATTO3」を440万円で発売している。ガソリン車と比べるともちろん割高だが、日本勢の近い車格のEVより100万円以上安い。

「価値の創出」が必須

良品廉価で太刀打ちすることが難しくなると見込まれる中、日本勢に立ち向かう手だてはあるのか。その解として中西氏は、「プレミアムゾーンを持つことの意味が大きくなる。そのためには車の性能だけでなく、新しい価値をつくらないといけない」と指摘する。

中西氏の言うプレミアムゾーンは、超高級ブランド、ジャーマン3、さらには米テスラがいる激戦区。とはいえ、低価格帯は輪をかけて厳しい。規格の壁があり国産信仰の強い日本市場は別にして、海外市場で中国勢に価格で勝てる見込みは薄い。

このような市場構造の変化を踏まえると、ソニーグループとの提携はホンダにとって重要だ。合弁新会社のソニー・ホンダモビリティは、新ブランドEV「アフィーラ」の受注を2025年から北米で始める。価格は未発表だが、高付加価値路線を表明している。ホンダは28年にアキュラの全面EV化を検討しているだけに、アフィーラは格好の先行例となるはずだ。

アフィーラは、特定条件下でシステムが運転責任を持つレベル３の自動運転機能が売りの１つ。その実現のために計４５個のカメラ、センサー、超高性能の半導体など高価な部品をぜいたくに使う。ホンダ出身の開発担当者は、「ホンダブランドのコスト制約から離れられたことで商品企画の自由度が上がった」と振り返る。

同じくホンダ出身の水野泰秀会長兼ＣＥＯに、高付加価値路線はホンダでできなかったのかと尋ねると、「うーんわからない」と述べつつも、「何もないところから始めるので思い切って最高技術のものを出してみた」と語った。

ホンダとソニーが生み出す新たな車の価値が消費者に受け入れられるかはわからない。だが、それに成功すれば、両社にとってはもちろん、日本にとっても大きな意味がある。

（山田雄大）

創立75年　今こそ問われるホンダの存立意義

「世の中にはつねに万物流転の法則がある」。ホンダの初代副社長・藤澤武夫が社内で説いて回ったという言葉だ。藤澤は創業者の本田宗一郎とともに、ホンダを世界で指折りの自動車メーカーに育てたことで知られる。

万物流転のおきてがある限り、大きくなったものもいずれ衰える。つねに時代をリードする企業でなければ、その存在はあっという間に消えてしまうだろう――。「希代の大番頭」と呼ばれた藤澤の戒めは、ＥＶ（電気自動車）シフトの波が押し寄せる日本の自動車産業界に響く。

ガソリン車に比べて部品が少なく、構造が単純なＥＶは異業種参入を促した。今後自動車の性能や価値を左右するソフトウェア領域の台頭も著しい。「このままだと本当に日本の自動車産業は沈没する」。あるホンダ幹部は強い口調で危機感を示す。

完成車大手を頂点とする自動車産業ピラミッドもいつまで保てるかわからない。2020年後半からの半導体不足は、その崩壊の予兆とも受け取れる。半導体大手は完成車大手の意向どおりに、増産や価格交渉に応じてくれるわけではないことが明らかとなった。

2023年9月、ホンダは創立75周年を迎える。その歴史を振り返ると、連続する危機をうまく成長の糧に変えてきた。1948年の創立からの主だった歴史を振り返ってみよう。

「世の中には万物流転の法則がある」

「アイデアは、苦しんでいる人のみに与えられている特典」

写真：ホンダ

希代の大番頭
藤澤武夫

創業者
本田宗一郎

【1948年】本田宗一郎が社員34人、資本金100万円で創立。浜松市で自転車用補助エンジンを製造
【1954年】朝鮮戦争後の不況と販売不振で経営危機
【1958年】2輪の「スーパーカブ」が大ヒット
【1959年】2輪のマン島TTレース初出場。米国に初の海外現地法人を設立
【1960年】研究開発を独立した組織で行うため本田技術研究所を設立
【1963年】4輪事業に進出
【1964年】フォーミュラワン（F1）初出場
【1970年】自動車による大気汚染問題を背景に米国の排ガス規制「マスキー法」が発効
【1974年】マスキー法に世界で初めて適合する「低公害CVCCエンジン」を搭載した初代「シビック」がヒット
【1981年】世界初のカーナビシステムを発売
【1982年】米国で日本メーカー初の4輪現地生産を開始

【1990年代前半】バブル崩壊後に業績悪化、三菱自動車が救済合併との報道も
【1991年】本田宗一郎氏が84歳で死去
【1994年】初代「オデッセイ」が大ヒット、ミニバンブームを牽引
【2000年】ヒューマノイドロボット「ASIMO（アシモ）」を発表
【2013年】米ゼネラル・モーターズと燃料電池領域で提携。その後、EV（電気自動車）開発や部品共通化でも連携
【2015年】気候変動問題に対する国際的枠組みの「パリ協定」採択。脱炭素が世界的潮流に1986年から開発してきた「ホンダジェット」の納入を開始
【2021年】日本勢で初めて「脱エンジン」を宣言
【同年】世界で初めて自動運転レベル3機能を搭載したセダン「レジェンド」を発売
【2022年】ソニーグループと合弁で新会社を設立、EVブランド「AFEELA（アフィーラ）」を立ち上げ

超ロングセラー2輪の「スーパーカブ」や「低公害CVCCエンジン」、ミニバンブームを牽引した「オデッセイ」。これらは事業存続の危機に追い込まれた状況で生み出

され、そのヒットによってホンダは窮地を脱してきた。

「つねに生き残りを問われてきたのがホンダ。トヨタと同じ戦略をホンダが取っても勝つ力はない」。ナカニシ自動車産業リサーチ代表アナリストの中西孝樹氏はそう話す。

ホンダの脱エンジン目標は、難題に対峙しつつも前進するために、自らがあえて選んだ厳しい道なのだろう。原点へ立ち返ろうという首脳陣のメッセージにも聞こえる。

「電動化は既存事業の延長線上に存在しない」。そう繰り返す三部敏宏社長の姿からは、変化を促そうという強い意志を感じる。大胆な決断の先に、ホンダが明確な答えを持ち合わせているかは今のところ不透明だ。いずれにせよ、日本の基幹産業が生き残りを懸けた最前線の戦いとなる。

GMにのみ込まれる?

ただ、楽観は禁物だ。独創性こそがホンダの強みとされてきたが、近年の4輪事業はヒット商品に乏しい。新興国市場の開拓と拡大戦略に邁進した結果、足元は低収益に苦しむ。「台数を追い求めて、ブランド力を磨くことをおろそかにした結果が今。まさに失われた20年だ」。あるホンダ社員はため息をつく。

「企業体力が本当に持つのか。EVの共同開発などで提携している米ゼネラル・モーターズ（GM）に、いつの間にかのみ込まれてはいないだろうか」。そんな危惧を抱くホンダ元首脳もいる。脱炭素目標や電池に用いる重要鉱物資源をめぐっては各国の国益が絡む。EVシフトは国家が覇権を競い合うパワーゲームの側面も強い。それだけに、GM傘下でホンダのブランドだけが残るとの将来図は、決して荒唐無稽とはいえない。

「アイデアは、苦しんでいる人のみに与えられている特典である」。本田宗一郎は、逆境をアイデアの源泉とするようにと言葉を残した。混沌の変革期に創業者の精神を取り戻し、再び輝けるのか。今まさにホンダの存立意義が問われている。

（横山隼也）

【週刊東洋経済】

本書は、東洋経済新報社『週刊東洋経済』２０２３年2月１１日号より抜粋、加筆修正のうえ制作しています。この記事が完全収録された底本をはじめ、雑誌バックナンバーは小社ホームページからもお求めいただけます。

小社では、『週刊東洋経済ｅビジネス新書』シリーズをはじめ、このほかにも多数の電子書籍ラインナップをそろえております。ぜひストアにて「東洋経済」で検索してみてください。

『週刊東洋経済ｅビジネス新書』シリーズ

No.425　エネルギー戦争
No.426　瀬戸際の地銀
No.427　不動産争奪戦
No.428　インフレ時代の資産運用&防衛術

No.429　人口減サバイバル
No.430　自衛隊は日本を守れるか
No.431　教員不足の深層
No.432　ニッポンのＳＤＧｓ＆ＥＳＧ
No.433　独走トヨタ　迫る試練
No.434　変わる相続・贈与の節税
No.435　東芝の末路
No.436　食糧危機は終わらない
No.437　ゼネコン　両利きの経営
No.438　すごいベンチャー２０２２〔前編〕
No.439　すごいベンチャー２０２２〔後編〕
No.440　宗教　カネと政治
No.441　岐路に立つ鉄道
No.442　学び直し全ガイド

No.443　米中　大動乱
No.444　高揚するコンサル　したたかな弁護士
No.445　半導体　復活の足音
No.446　氾濫するＰＲ
No.447　総孤独社会
No.448　認知症　全対策
No.449　武器としての名著
No.450　世界と日本の焦点　２０２３
No.451　マンション　熱狂と盲点
No.452　日銀　宴の終焉
No.453　ＮＨＫ　受信料ビジネスの正体
No.454　大増税時代の渡り方

週刊東洋経済eビジネス新書　No.455
背水のホンダ

【本誌（底本）】
編集局　横山隼也、緒方欽一
デザイン　小林由依、藤本麻衣、松田理絵
進行管理　下村　恵
発行日　2023年2月11日

【電子版】
編集制作　塚田由紀夫、長谷川　隆
デザイン　市川和代
表紙写真　尾形繁文
制作協力　丸井工文社

発行日　2024年6月6日　Ver.1

発行所　〒103‐8345
東京都中央区日本橋本石町1‐2‐1
東洋経済新報社
電話　東洋経済カスタマーセンター
03（6386）1040
https://toyokeizai.net/

発行人　田北浩章

電子書籍化に際しては、仕様上の都合などにより適宜編集を加えています。登場人物に関する情報、価格、為替レートなどは、特に記載のない限り底本編集当時のものです。一部の漢字を簡易慣用字体やかなで表記している場合があります。本書は縦書きでレイアウトしています。ご覧になる機種により表示に差が生じることがあります。

本書に掲載している記事、写真、図表、データ等は、著作権法や不正競争防止法をはじめとする各種法律で保護されています。当社の許諾を得ることなく、本誌の全部または一部を、複製、翻案、公衆送信する等の利用はできません。

もしこれらに違反した場合、たとえそれが軽微な利用であったとしても、当社の利益を不当に害する行為として損害賠償その他の法的措置を講ずることがありますのでご注意ください。本誌の利用をご希望の場合は、事前に当社（TEL：03－6386－1040もしくは当社ホームページの「転載申請入力フォーム」）までお問い合わせください。

※本刊行物は、電子書籍版に基づいてプリントオンデマンド版として作成されたものです。